T0193129

essentials

essentials liefern aktuelles Wissen in konzentrierter Form. Die Essenz dessen, worauf es als „State-of-the-Art" in der gegenwärtigen Fachdiskussion oder in der Praxis ankommt. *essentials* informieren schnell, unkompliziert und verständlich

- als Einführung in ein aktuelles Thema aus Ihrem Fachgebiet
- als Einstieg in ein für Sie noch unbekanntes Themenfeld
- als Einblick, um zum Thema mitreden zu können

Die Bücher in elektronischer und gedruckter Form bringen das Expertenwissen von Springer-Fachautoren kompakt zur Darstellung. Sie sind besonders für die Nutzung als eBook auf Tablet-PCs, eBook-Readern und Smartphones geeignet. *essentials:* Wissensbausteine aus den Wirtschafts-, Sozial- und Geisteswissenschaften, aus Technik und Naturwissenschaften sowie aus Medizin, Psychologie und Gesundheitsberufen. Von renommierten Autoren aller Springer-Verlagsmarken.

Weitere Bände in der Reihe http://www.springer.com/series/13088

Goerg H. Michler

Kompakte Einführung in die Elektronenmikroskopie

Techniken, Stand, Anwendungen, Perspektiven

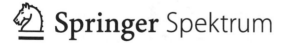 Springer Spektrum

Goerg H. Michler
Institut für Physik
Martin-Luther-Universität
Halle-Wittenberg
Halle (Saale), Deutschland

ISSN 2197-6708 ISSN 2197-6716 (electronic)
essentials
ISBN 978-3-658-26687-5 ISBN 978-3-658-26688-2 (eBook)
https://doi.org/10.1007/978-3-658-26688-2

Die Deutsche Nationalbibliothek verzeichnet diese Publikation in der Deutschen Nationalbibliografie; detaillierte bibliografische Daten sind im Internet über http://dnb.d-nb.de abrufbar.

Springer Spektrum
© Springer Fachmedien Wiesbaden GmbH, ein Teil von Springer Nature 2019

Springer Spektrum ist ein Imprint der eingetragenen Gesellschaft Springer Fachmedien Wiesbaden GmbH und ist ein Teil von Springer Nature
Die Anschrift der Gesellschaft ist: Abraham-Lincoln-Str. 46, 65189 Wiesbaden, Germany

Was Sie in diesem *essential* finden können

- Was die klassische Lichtmikroskopie von der Elektronenmikroskopie unterscheidet.
- Welche Techniken und Verfahren der Elektronenmikroskopie es gibt.
- Welche Anforderungen an das Probenmaterial beachtet werden müssen.
- Was für Methoden der Probenpräparation genutzt werden.
- Wie die Aussagekraft von mikroskopischen Untersuchungen verbessert werden kann.

Vorwort

Über Jahrhunderte hinweg gibt es ein Interesse der Menschheit an vertieften Einblicken in die belebte und unbelebte Natur durch eine vergrößerte Darstellung der jeweiligen Strukturen. Anfangs erfolgte dies mittels einfacher Glaskörper oder Glastropfen, die dicht vor das Auge gehalten wurden und später dann mit verbesserten, zusammengesetzten Mikroskopen. Die begrenzte Auflösung der lichtoptischen Geräte führte dann ab den 1930er Jahren zur Entwicklung der Elektronenmikroskopie.

Informationen über Mikro- und Nanostrukturen von Materialien können auf vielfältige Weise erhalten werden. Während aber die Streuverfahren (Kleinwinkellicht-, Klein- und Weitwinkelröntgen-, Elektronen- oder Neutronenstreuung) oder die spektroskopischen Verfahren nur gemittelte (integrale) Aussagen über ausgedehntere Materialbereiche liefern, erlaubt die Elektronenmikroskopie die direkte bildliche Erfassung von Strukturen bis herab zur molekularen und atomaren Ebene. Bildhafte Darstellungen bieten mehrere Zusammenhänge simultan an und regen unterschiedliche Bereiche der Wahrnehmung gleichzeitig an. Für Bilder gilt auch in der Wissenschaft der klassische Spruch „Ein Bild sagt mehr als 1.000 Worte" oder wie es Elias Canetti, der Nobelpreisträger für Literatur 1981 formulierte „Der Weg zur Wirklichkeit geht über Bilder".

Heute ist die Elektronenmikroskopie mit einer Vielfalt unterschiedlicher Techniken und Methoden neben den Hauptlinien Transmissions- und Raster-Elektronenmikroskopie in allen Bereichen von Forschung, Technik und Anwendung sowohl in den Materialwissenschaften als auch in den Lebenswissenschaften ein unentbehrliches Werkzeug. So können Prozesse im lebenden Organismus und Wechselwirkungen mit Medikamenten insbesondere mit der Methode der Kryo-Transmissionselektronenmikroskopie aufgeklärt werden, Verhalten und Eigenschaften von Implantaten im menschlichen Körper lassen sich verbessern, und die Eigenschaften unterschiedlichster Werkstoffe können auf der Basis der Mikrostruktur mittels analytischer Elektronenmikroskopie und in-situ-Mikroskopie genauer verstanden, gezielt verbessert und hinsichtlich der Lebensdauer bzw. der Ausfallsicherheit definierter beurteilt werden. In Halle (Saale) entstand seit den 1960er Jahren unter der Leitung von Prof. Dr. Dr. h.c. Heinz Bethge ein Zentrum des Einsatzes der Elektronenmikroskopie. Darauf aufbauend fördert heute die „Heinz Bethge Stiftung für angewandte Elektronenmikrokopie" den Einsatz mikroskopischer Techniken in verschiedenen Bereichen von Naturwissenschaft, Biologie und Medizin. Ein besonderes Anliegen ist dabei auch die Unterstützung von Nachwuchswissenschaftlern und das Wecken des Interesses von Schülern der oberen Klassenstufen an der Mikroskopie und Elektronenmikroskopie und damit an naturwissenschaftlicher Bildung. Hierfür wurde speziell ein außerschulischer Lernort für Elektronen-mikroskopie in Halle eingerichtet, in dem Schüler der oberen Klassenstufen Pro-jekte auch direkt an Rasterelektronenmikroskopen bearbeiten können.

Zur Popularisierung und dem verbesserten Verständnis der Elektronen-mikroskopie auch bei den der Mikroskopie ferner stehenden Fachkollegen und interessierten Laien soll auch dieses *essential* beitragen. Es gibt kurzgefasste Informationen über alle Techniken und Methoden der Elektronenmikroskopie sowie der erforderlichen Präparationsmethoden. Ausgewählte Bildbeispiele illus-trieren die wesentlichen Methoden von Mikroskopie und Präparation. Hierbei konnte auf langjährige Erfahrungen des Autors beim Einsatz der verschiedenen Techniken und Methoden der Elektronenmikroskopie einschließlich der Sonden-mikroskopie und zahlreiche Publikationen zurückgegriffen werden. Genannt seien die Monografien

- Michler, G. H. (1992). *Kunststoff-Mikromechanik: Morphologie, Deformati-ons- und Bruchmechanismen.* München, Wien: Carl Hanser.
- Michler, G. H. & Lebek, W. (2004). *Ultramikrotomie in der Material-forschung.* München: Carl Hanser.
- Michler, G. H. (2008). *Electron microscopy of polymers.* Berlin, Heidelberg: Springer.
- Michler, G. H., & Baltá-Calleja, F. J. (2012). *Nano-and micromechanics of polymers: Structure modification and improvement of properties.* München: Carl Hanser.
- Michler, G. H. (2016). *Atlas of polymer structures: Morphology, deformation and fracture structures.* München: Hanser.

Sie enthalten übersichtliche bis ausführliche Darstellungen der verschiedenen Techniken der Mikroskopie und deren Einsatz zur Bestimmung der Morphologie von Materialien, insbesondere Polymeren sowie zur Erfassung mikro- und nano-mechanischer Mechanismen in Verbindung mit den relevanten Präparations-techniken. Aktuelle Entwicklungen der Gerätehersteller sind in einer Broschüre der o. g. „Heinz-Bethge-Stiftung für angewandte Elektronenmikroskopie" beschrieben, die Ende 2017 unter dem Titel „Elektronenmikroskopie in Halle (Saale) – Stand, Perspektiven, Anwendungen" erschienen ist. Näheres zur Bethge-Stiftung unter www.bethge-stiftung.de.

Goerg H. Michler

Inhaltsverzeichnis

Kurze Entwicklungsgeschichte der Mikroskopie

Die Entdeckung, dass mit geschliffenen Gläsern vergrößerte Bilder von den uns umgebenden lebenden und toten Objekten gewonnen werden konnten, führte etwa ab 1600 zum Einsatz von Lupen mit 5–10-facher Vergrößerung und deren Bezeichnung als „Mikroskop". Kleine, geschmolzene Kugeln von ~1 mm Durchmesser erlaubten dann im 17./18. Jahrhundert Mikroskope schon mit Vergrößerungen von 200–300-fach. Viele bedeutende Entdeckungen mikroskopischer Strukturen gelangen zahlreichen Anwendern, unter denen Antoni van Leeuwenhoek (1632–1723) hervorzuheben ist. Aber erst Verbesserungen beim Erschmelzen optischer Gläser durch Joseph Fraunhofer (1787–1826) und vor allem durch Otto Schott (1851–1935) in Jena ermöglichten in der mechanischen Werkstatt von Carl Zeiss (1816–1888) in Jena und unter der Mitarbeit des Physikers Ernst Abbé (1840–1905) die Herstellung deutlich verbesserter Mikroskope. Mit der theoretischen Erklärung der mikroskopischen Abbildung durch die Beugungstheorie von Abbé erfolgte der Wechsel von der bis dahin üblichen reinen Erprobung von Glaslinsenkombinationen zur Herstellung aufgrund berechneter Anordnungen. Die Abbésche Formel zur maximal möglichen Auflösung d eines lichtoptischen Systems

$$d = 0{,}61 \, \lambda/\mathrm{n} \cdot \sin\alpha$$

(d als kleinster Abstand zweier gerade noch getrennt erkennbarer Objektdetails; λ als Lichtwellenlänge, α als Öffnungswinkel des Objektivs, $\mathrm{n} \cdot \sin\alpha$ ist die sog. Numerische Apertur) ergibt einen Wert von etwa der Hälfte der Wellenlänge des verwendeten Lichtes ($\lambda/2$). Somit können mit sichtbarem Licht einer Wellenlänge von 400–800 nm keine kleineren Details als etwa 200 nm (0,2 µm) aufgelöst werden. Auf diesen theoretischen Grundlagen wurden Zeiss-Mikroskope hergestellt, die ab etwa 1870 die Spitzenposition in der Welt einnahmen. Lichtmikroskope und

© Springer Fachmedien Wiesbaden GmbH, ein Teil von Springer Nature 2019
G. H. Michler, *Kompakte Einführung in die Elektronenmikroskopie*, essentials,
https://doi.org/10.1007/978-3-658-26688-2_1

verschiedene Modifizierungen und Verbesserungen eroberten sich Anwendungen in fast allen Gebieten von Technik, Naturwissenschaft und Medizin.

Eine Mikroskopie, die nicht der Abbéschen Begrenzung unterliegt und damit bessere Auflösungen als in der klassischen Lichtmikroskopie ermöglicht, wurde erst in jüngerer Zeit durch Arbeiten von Stefan Hell zu einer superauflösenden Fluoreszenzmikroskopie gefunden, wofür er gemeinsam mit E. Betzig und W. Moerner 2014 den Nobelpreis für Chemie erhielt.

Der unschlagbare Vorteil, den direkte Abbilder der interessierenden Strukturen bieten, führte in den 1930er Jahren infolge der Doppelnatur von Wellen- und Korpuskularstrahlen zur Vorstellung, Elektronenstrahlen einzusetzen. Elektronenstrahlen kann eine Wellenlänge λ_e zugeordnet werden, die durch die Geschwindigkeit v der Elektronen und damit durch die verwendete Beschleunigungsspannung bestimmt wird ($\lambda_e = h/m_e v$, de Broglie 1924, Nobelpreis 1929) und die bei 100 kV etwa um einen Faktor 10^5 niedriger ist als die des sichtbaren Lichtes. Die Realisierung dieses Gedankens gelang ab 1931 zwei unabhängig voneinander in Berlin tätigen Arbeitsgruppen: M. Knoll und E. Ruska an der TH Berlin sowie E. Brüche und H. Johannson bei der AEG. Diese beiden Gruppen repräsentierten eine gewisse „Konkurrenzsituation", in der die Gruppe um Ruska (TH Berlin) die elektromagnetische Entwicklung des Elektronenmikroskops und die Gruppe um Brüche (AEG) die „elektrostatische" Richtung verfolgten (d. h., die Ablenkung und Fokussierung der Elektronenstrahlen erfolgt durch stromdurchflossene elektromagnetische Spulen bzw. durch elektrostatische Felder). Das erste kommerziell in Serie gefertigte **Transmissions-Elektronenmikroskop** (damals Übermikroskop genannt) wurde im Jahre 1939 von Ruska bei Siemens mit einem Abbildungsmaßstab von 30.000:1 und einer Rekordauflösung von 7 nm vorgestellt (s. Abb. 1.1). Bis 1945 wurden rund 30 Geräte dieses Typs gefertigt, wovon eins im Deutschen Museum in München steht [1].

Parallel dazu arbeitete auch in Berlin Manfred von Ardenne (1907–1997) in seinem Privatlabor an einem magnetischen Elektronenmikroskop (sog. „Universal-Elektronenmikroskop"), das er 1940 der Öffentlichkeit bekannt machte und das bereits eine Auflösung von 3 nm erreichte [1]. Die damals wegen des Mangels an geeigneten Präparationsmethoden noch relativ dicken Proben führten zu einem beträchtlichen sog. chromatischen Fehler[1], der die Auflösung zusätzlich

---

[1]Chromatische Fehler oder Farbfehler werden dadurch hervorgerufen, dass die in eine Elektronenlinse eintretenden Elektronen etwas unterschiedliche Geschwindigkeit haben und in verschiedenen achsennahen Ebenen fokussiert werden. Dicke Objekte verstärken durch größere Energieverluste der Elektronen diesen Effekt.

Abb. 1.1 Blick auf das von Ernst Ruska entwickelte „Elektronen-Übermikroskop", Siemens, etwa 1939. [1]

zu weiteren Linsenfehlern begrenzte. Zur Umgehung dieses Fehlers arbeiteten M. von Ardenne und M. Knoll an einem neuen Prinzip – dem Rasterprinzip (analog zu einer Fernsehröhre), das 1937 zu einem **Raster-Elektronenmikroskop** (damals „Abtastelektronenmikroskop") führte [2, 3, 4, 5]. Beide Anlagen wurden 1944 bei Luftangriffen auf Berlin zerstört und beendeten v. Ardennes Arbeiten zur Elektronenmikroskopie.

Eine rasante Weiterentwicklung der Elektronenmikroskopie erfolgte nach dem Zweiten Weltkrieg. In Deutschland war zunächst die Firma Siemens mit dem ELMISKOP 1 (1954) und dem ELMISKOP 101 (1968) führend. Vom VEB Carl Zeiss Jena wurde das ELMI D, das beste je gefertigte elektrostatische Mikroskop (Abb. 1.2), zwischen 1954 und 1961 in etwa 100 Exemplaren verkauft und in den 1960er Jahren eine erfolgreiche elektronenoptische Anlage EF produziert.

Eine Zeitlang wurden elektromagnetische Elektronenmikroskope auch im VEB Werk für Fernsehelektronik in Berlin gefertigt. In Japan begannen Entwicklungen 1942 bei Hitachi und 1947 bei JEOL, in den Niederlanden 1946 bei

Abb. 1.2 Elektrostatisches
Elektronenmikroskop
ELMI D, VEB Carl Zeiss
Jena, 1955. (Quelle: ZEISS
Archiv)

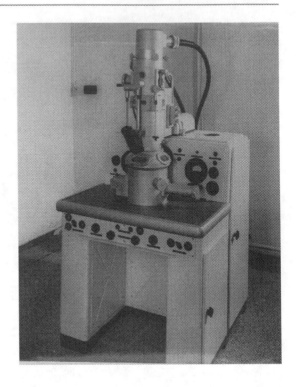

der Firma Philips und in der Tschechoslowakei vor allem nach den 1960er Jahren bei Tesla. Die weitere Entwicklung des Raster-Elektronenmikroskops verlief zunächst schleppend, bis Anfang der 1960er Jahre die ersten kommerziellen Raster-Elektronenmikroskope in England von der Firma Cambridge Scientific Instruments unter dem Namen „Stereoscan" mit einer Auflösung von 20–50 nm hergestellt wurden [1] und kurz danach auch von weiteren Herstellern.

Die Vorstellung, wie in der Lichtmikroskopie ergänzend zur Durchstrahlungsmikroskopie mit der Auflichtmikroskopie, auch elektronenoptisch über eine Untersuchungstechnik für die Abbildung von Oberflächen nicht durchstrahlbarer, massiver Objekte zu verfügen, führte in einer Gruppe um A. Recknagel zur Entwicklung der **Elektronenspiegelmikroskopie** [6]. Bei dieser Technik wird ein Elektronenstrahl als Parallelstrahlbündel senkrecht auf die zu untersuchende Objektfläche gerichtet. Indem das Potenzial des Objektes etwas negativer als das Potenzial der Kathode des Elektronenstrahlerzeugers ist, wird der Elektronenstrahl unmittelbar vor der Objektoberfläche zur Umkehr gezwungen. Die geringe Elektronengeschwindigkeit im Umkehrbereich bewirkt eine hohe Empfindlichkeit bei der Erfassung von Feldinhomogenitäten durch das Oberflächenmikrorelief, bewirkt aber auch ein beschränktes laterales Auflösungsvermögen.

Bereits in der Anfangszeit wurde die Vision eines andersartigen Auflichtelektronenmikroskops verfolgt, bei der aus der Probenoberfläche emittierende Elektronen mit Hilfe von Beschleunigungs- und Linsensystemen direkt zur gewünschten Oberflächenabbildung führen. Die Elektronenemission kann dabei durch Heizen, Bestrahlung mit Elektronen, Ionen oder ultraviolettem Licht induziert werden. Die heute meistgenutzte Variante der Emissionsmikroskopie, die **Photoemissions-Elektronenmikroskopie** wurde seit den 1950er Jahren an verschiedenen Standorten entwickelt. In Halle gelang in den 1980er Jahren in der Gruppe um H. Bethge der Aufbau des weltweit ersten funktionsfähigen Gerätes, das unter Ultrahochvakuum-Bedingungen (10^{-10} mbar) arbeitete und so definierte Oberflächenuntersuchungen ermöglichte [7].

Ein wiederum anderer Mikroskoptyp ist das **Feldemissionsmikroskop** von E. W. Müller in den 1950er Jahren. Das Prinzip beruht auf der Feldemission von Elektronen oder Ionen unter einer hohen Spannung aus einer extrem scharfen Spitze und deren Sichtbarmachung ohne Zwischenschaltung von Linsen direkt auf einem Leuchtschirm. Das Rekordauflösungsvermögen eines „**Feldionenmikroskops**" betrug damals 0,23 nm (Abbildungsmaßstab 1.000.000:1) und ließ schon damals ein direktes Sichtbarmachen einzelner Atome zu [8]. Es übertraf deutlich das Auflösungsvermögen des „**Feldelektronenmikroskops**" und lag auch um mehr als das Zehnfache höher als das der besten Transmissions-Elektronenmikroskope jener Zeit.

Ernst Ruska erhielt für seine Leistungen im Jahre 1986 den Nobelpreis für Physik zusammen mit G. Binnig und H. Rohrer für deren Leistung zur Entwicklung der **Rastertunnelmikroskopie.** Mit Ruskas Ehrung erfuhr nach fünf Jahrzehnten endlich auch die Entwicklung der (konventionellen) Elektronenmikroskopie die gebührende Würdigung. In die verschiedenen Richtungen der Elektronenmikroskopie wird die Rastertunnelmikroskopie und allgemeiner die **Sondenmikroskopie,** obwohl sie auf völlig anderen physikalischen Prinzipien basiert, als Methode zur direkten Abbildung submikroskischer Strukturen oft mit eingeschlossen.

Für Fortschritte in der Mikroskopie wurde ein weiterer Nobelpreis für Chemie im Jahre 2017 an J. Dubochet, F. Frank und R. Hendersen für die Entwicklung der „Kryo-Elektronenmikroskopie" verliehen. Die hiermit gewürdigte Kombination von mit flüssigem Helium gekühlten **Kryo-Elektronenmikroskopen** mit dem Verfahren zum schlagartigen Einfrieren wässriger Substanzen ohne Eiskristallbildung (Vitrifizieren, Vitrifikation) sowie der Bearbeitung von Kippserien erwies sich als Durchbruch bei der Abbildung von Biomolekülen mit atomarer Auflösung.

Richtungen der Elektronenmikroskopie

2.1 Übersicht

Seit den Erfindungen in den 30er-Jahren des vergangenen Jahrhunderts hat sich die Elektronenmikroskopie in einer großen Breite mit unterschiedlichen Hauptrichtungen entwickelt. Diese Richtungen können wie in Abb. 2.1 ganz allgemein dadurch klassifiziert werden, ob eine Abbildung durch Bestrahlung wie mit einer „Lampe" oder durch Abtasten der Oberfläche wie mit einem „Finger" oder einer „Nadel" erreicht wird.

Die wichtigsten Varianten der elektronenmikroskopischen Abbildungstechnik sind:

Typ 1 – Transmission Bei der **Transmissions- Elektronenmikroskopie (TEM)** durchdringt ein aus einer Elektronenquelle emittierender Elektronenstrahl die Probe (analog zur herkömmlichen Lichtmikroskopie, aber im Hochvakuum), und mit hintereinandergeschalteten elektronenoptischen Linsen wird eine vergrößerte Objektabbildung erreicht. Hierfür sind ultradünne Proben (im Bereich von 0,1 µm) erforderlich.

Typ 2 – Reflexion bzw. Emission Entweder wird (im Hochvakuum) ein stationärer Elektronenstrahl von der Probe reflektiert **(Elektronen-Spiegelmikroskopie)** oder die Probe wird durch Bestrahlung mit Elektronen, Ionen oder ultraviolettem Licht (durch $h\nu$ angedeutet) selbst zur Elektronenemission angeregt **(Emissions-Elektronenmikroskopie, PEEM)**. Mit beiden Techniken können kompakte Proben untersucht werden.

© Springer Fachmedien Wiesbaden GmbH, ein Teil von Springer Nature 2019
G. H. Michler, *Kompakte Einführung in die Elektronenmikroskopie*, essentials,
https://doi.org/10.1007/978-3-658-26688-2_2

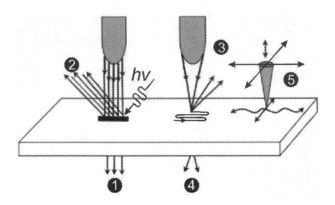

Abb. 2.1 Schematische Darstellung der wichtigsten Typen der Elektronenmikroskopie. (Adaptiert nach [9], siehe Text)

Typ 3 – Rasterstrahl Ein fokussierter Elektronenstrahl wird über die Probe gescannt und erzeugt Sekundär- und Rückstreu-Elektronen (**Raster-Elektronenmikroskopie, REM**). In der **Umgebungs- REM** oder **Environmental Scanning Electron Microscopy (ESEM)** befindet sich der Probenraum unter reduziertem Vakuum oder in einer für die Probe natürlichen Umgebung. Oberflächen kompakter Proben können vorteilhaft untersucht werden.

Typ 4 – Rasterstrahl in Transmission Ein fokussierter rasternder Strahl durchdringt eine dünne Probe als eine Variante von Typ 3, bei der der Detektor unterhalb der durchstrahlbaren Probe liegt (**Raster-Transmissions-Elektronenmikroskopie, RTEM**). Diese Variante eignet sich insbesondere zum Einsatz verschiedener Analysetechniken und erfordert dünne Proben.

Typ 5 – Rasternde Spitze Eine sehr dünne mechanische Spitze wird über die Probe gescannt und tritt mit dieser aufgrund verschiedener physikalischer Eigenschaften in Wechselwirkung (bei leitfähigen Proben in der **Raster-Tunnelmikroskopie** oder bei isolierenden Materialien in der **Raster-Kraftmikroskopie**), allg. **Raster-Sondenmikroskopie.** Ein Vakuum ist nicht erforderlich, und es können Oberflächen kompakter Proben untersucht werden.

2.2 Transmissions-Elektronenmikroskopie (TEM)

Wie in der (klassischen) Lichtmikroskopie ist das Auflösungsvermögen von der Wellenlänge der verwendeten Strahlung abhängig. Diese wird entsprechend der Doppelnatur von Wellen- und Korpuskularstrahlen durch die Geschwindigkeit v der Elektronen und damit durch die verwendete Beschleunigungsspannung bestimmt (de Broglie 1924, $\lambda = h/m_e v$, h = Plancksches Wirkungsquantum, m_e Ruhemasse der Elektronen) (s. Tab. 2.1). Die Geschwindigkeit v steigt mit zunehmender Beschleunigungsspannung U entsprechend der Relation $m/2 \ v^2 = e \cdot U$ und erreicht bei 100 kV 164.000 km/sec und bei 1000 kV mit 283.000 km/s fast Lichtgeschwindigkeit.

Die Wellenlänge der Elektronenstrahlen liegt um etwa einen Faktor 10^5 niedriger als die des sichtbaren Lichtes (0,4–0,8 µm), ermöglicht aber im Transmissionselektronenmikroskop aufgrund von Linsenfehlern (speziell sphärische und chromatische Aberration) nur etwa eine um den Faktor 10^3 bis 10^4 höhere Auflösung. Demnach liegt die erreichbare Auflösung im Größenbereich von 0,1 nm und bei Höchstauflösungsgeräten heute bei maximal 0,05 nm. Die zeitliche Entwicklung der Auflösung in der Licht- und der Transmissions-Elektronenmikroskopie zeigt Abb. 2.2.

Transmissions-Elektronenmikroskope sind im Prinzip analog zu den Lichtmikroskopen aufgebaut und bestehen aus hintereinandergeschalteten vergrößernden Linsen (Abb. 2.3). Einen Einblick in den Innenaufbau erlaubt ein entlang der Mittelachse aufgeschnittenes Mikroskop in Abb. 2.4.

Die aus der Kathode austretenden Elektronen werden zur Anode hin beschleunigt und außerdem durch den Wehneltzylinder am Ort der Anode gebündelt („cross over"). Der divergente Elektronenstrahl wird durch die nachfolgenden elektromagnetischen Linsen (mehrstufiges Kondensorlinsensystem so fokussiert, dass er die Probe als nahezu parallelen Strahl mit sehr geringer Ausdehnung durchstrahlt. Da sich Elektronen nur im luftleeren Raum ausbreiten können, herrscht in der Säule Hochvakuum. Während im Lichtmikroskop das Bild direkt mit dem Auge durch das Okular betrachtet werden kann, müssen im

Tab. 2.1 Zusammenhang zwischen Beschleunigungsspannung der Elektronen und der resultierenden Wellenlänge λ_e

Beschleunigungsspannung in kV	20	40	100	200	1000
Wellenlänge λ_e in nm	0,0086	0,0060	0,0037	0,0025	0,00087

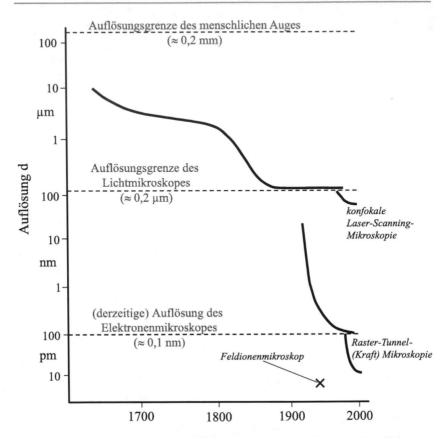

Abb. 2.2   Zeitliche Entwicklung der Auflösung in der Licht- und Transmissions-Elektronenmikroskopie: Ende des 19. Jahrhunderts hatte die klassische Lichtmikroskopie ihre Grenze erreicht bis ab etwa 1940 der rapide Auflösungsgewinn in der Elektronenmikroskopie begann. (Adaptiert nach [9])

Elektronenmikroskop die Elektronenstrahlen auf einem Fluoreszenzschirm sichtbar gemacht werden. Voraussetzung sind dünne, durchstrahlbare Proben, deren maximale Dicke d (in nm) als Richtwert für leichte Materialien (organische Stoffe und Polymere) in erster Näherung den zweifachen Wert der angelegten Beschleunigungsspannung U (in kV) nicht überschreiten soll:

$$D[nm] \leq 2 \cdot U[kV]$$

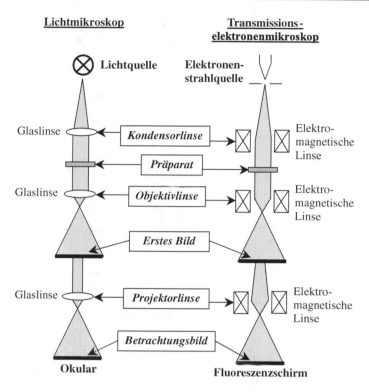

Abb. 2.3 Schematische Darstellung des Strahlenganges in einem (Transmissions-) Licht-mikroskop und einem Transmissions-Elektronenmikroskop. (Aus [9])

Typische Probendicken bei derartigen Objekten sind 50 bis 250 nm bei 200 kV. Die Präparation solcher Objekte erfordert meist eine aufwendige Präparations-technik – auf die in Kap. 3 eingegangen wird. Dickere Proben können in Höchst-spannungselektronenmikroskopen (HEM) mit Beschleunigungsspannungen bis über 1000 kV untersucht werden. Soll mit zunehmender Probendicke eine hohe Auflösung erreicht werden, ist aber der Dickengewinn geringer (Abb. 2.5).

Der Kontrast zwischen Strukturdetails ist bei amorphen Materialien ein sog. *„Streuabsorptionskontrast"* oder *„Massen-Dicken-Kontrast"*. Beim Durch-gang der Elektronen durch die Probe werden Elektronen absorbiert und gestreut (Abb. 2.6). Das bedeutet, dass von den einfallenden Elektronen ein gewisser Anteil absorbiert und in von der Strahlrichtung abweichende Richtungen

Abb. 2.4 Ehemaliges
100 kV Hochauflösungs-
mikroskop (JEOL 100C),
entlang der Mittelachse
aufgeschnitten, lässt gut
den Innenaufbau aus den
einzelnen Polschuhen mit
den elektromagnetischen
Spulen erkennen. (Auf-
gestellt im Schülerlabor
„Elektronenmikroskopie"
der Heinz-Bethge-Stiftung
in Halle [Saale], eigenes
Foto)

abgelenkt wird. Die gestreuten Elektronen werden durch eine Kontrastblende
(Aperturblende, im unteren Brennpunkt der Objektivlinse) aufgefangen Der
Anteil der Elektronen, die in größere Winkel gestreut werden, ist abhängig von
der Ordnungszahl des streuenden Atoms (d. h. der Dichte des Materials) und der

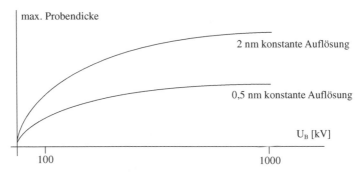

Abb. 2.5 Zunahme der maximalen Probendicke mit der Beschleunigungsspannung bei
konstanter Auflösung. (Schematisch, aus [9])

Abb. 2.6 Schematische Darstellung des Streu-Absorptionskontrastes: Dünne (d_1) und leichte Materialien (Dichte ρ_1) streuen Elektronen weniger als dicke (d_2) und schwerere Objektstellen (Dichte ρ_2) und erscheinen im Bild heller. (Aus [10])

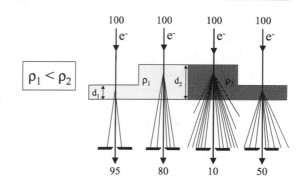

lokalen Dicke der Probe. Je höher die Ordnungszahl und die Probendicke, desto größer ist der Anteil der in größere Winkel gestreuten Elektronen. Diese Elektronen fehlen bei der Bildentstehung auf dem Leuchtschirm und ergeben dunklere Bildbereiche (Abb. 2.7).

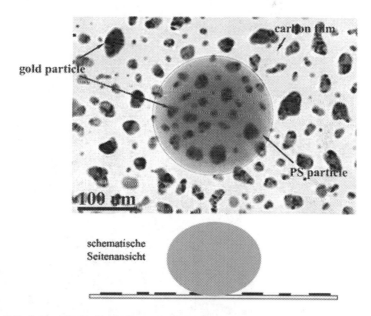

Abb. 2.7 Schematische Darstellung des Streu-Absorptionskontrastes an einem Modellobjekt: Dickere Polystyrolpartikel und kleinere aber schwerere Goldpartikel streuen Elektronen stärker als der Trägerfilm aus Kohlenstoff und erscheinen im Bild dunkler. (Adaptiert nach [10])

Mittels der durch die Kontrastblende durchgelassenen Strahlen erzeugt die Objektivlinse vom Präparat ein einstufig vergrößertes Bild. Dieses erste Zwischenbild wird durch die nachfolgenden Zwischenlinsen und letztlich durch das Projektiv stark vergrößert auf dem Leuchtschirm abgebildet (im Schema in Abb. 2.3 sind die Zwischenlinsen nicht mit eingezeichnet). Der Leuchtschirm wandelt die unsichtbaren Elektronen in sichtbares Licht um, wobei die Bildaufzeichnung über Photoplatten oder eine Kamera erfolgt.

Bei Präparaten, die kaum Unterschiede in der Dichte und der Objektdicke aufweisen, können die Kontraste durch selektive Kontrastierverfahren (z. B. Einlagerung schwererer Atome wie Osmium oder Ruthenium in einer Phase der Probe) deutlich erhöht werden (siehe Abschn. 3.3).

Bei kristallinen Proben wird auch der *Beugungskontrast* genutzt, wobei durch den Einsatz der Kontrastblende Hellfeld- und Dunkelfeldaufnahmen möglich sind (s. Abb. 2.8). In analoger Weise wie die Röntgenstrahlen werden auch Elektronenstrahlen an kristallinen Proben nach dem Braggschen Gesetz gebeugt und führen bei Einkristallen zu Punktdiagrammen und bei Vielkristallsystemen zu Ringdiagrammen (Debye-Scherr-Ringe). Aus beiden Diagrammtypen können die Gitterparameter bzw. die Netzebenenabstände der Materialien bestimmt werden.

Ein Weg zur Verbesserung der Auflösung ist die Verkleinerung der Wellenlänge durch Erhöhung der Beschleunigungsspannung (Tab. 2.1). Eine höhere Beschleunigungsspannung erlaubt gegenüber der begrenzten Durchdringungsfähigkeit von 100 kV-Elektronen auch dickere nutzbare Proben. Beide Gründe führten zur Entwicklung der **Höchstspannungs-Elektronenmikroskopie** mit 1 bis 3 meV (Abb. 2.9). Eine wesentlich verbesserte Auflösung stand dann bald

Abb. 2.8 Kristalline Strukturen in einem teilkristallinen Polymer (LDPE – low density polyethylene) mit einer Garbenmorphologie aus bündelartig geordneten kristallinen Lamellen. **a** im Hellfeld (kristalline Lamellen erscheinen dunkel), **b** im Dunkelfeld (Lamellen erscheinen hell), **c** im Beugungsbild (entsprechend einem Einkristalldiagramm). (Aus [9])

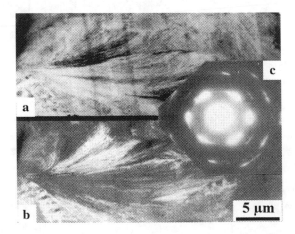

Abb. 2.9 Höchstspannungs-Elektronenmikroskop (HEM) JEM-ARM1300S (Atomic Resolution Microscope) mit einer Beschleunigungsspannung bis 1.300.000 V (1,3 MV). (Quelle JEOL [Germany] GmbH, Freising)

nicht mehr im Fokus, da die Nutzung dickerer Proben vielfältige Vorteile bei der Untersuchung von Metallen, Keramiken, Polymeren sowie biologischen und medizinischen Materialien brachte. Insbesondere die **in-situ-Mikroskopie,** bei der der Einfluss äußerer Faktoren, wie Temperatur, mechanische Kräfte oder elektromagnetische Felder auf Materialveränderungen untersucht werden, eröffnete neue Anwendungsfelder in den Materialwissenschaften (s. Abschn. 2.6). Die realisierte Grenze bei Höchstspannungs-Elektronenmikroskopen (HEM) liegt bei 3 meV, da darüber der Gewinn an nutzbarer Probendicke abnimmt, aber die Kosten überproportional steigen. Das erste 1 meV HEM in Deutschland wurde von JEOL auf Initiative von H. Bethge im Institut in Halle (Saale) installiert.

Von Anfang an wurde beständig nach Möglichkeiten gesucht, die Fehlerquellen der elektronenmikroskopischen Abbildung (Aberration, Instabilitäten) zu reduzieren, um eine verbesserte Auflösung der Elektronenmikroskope zu erreichen. In den 1980er Jahren lag die Auflösung der besten Geräte bei 0,2 nm. Bei der **Höchstauflösungs-Elektronenmikroskopie (high resolution electron microscopy, HREM)** werden mit Aberrationskorrektoren zwei Fehlerarten korrigiert: der sphärische Fehler der Linsen durch Variation der Brechkraft über den Linsenquerschnitt hinweg (Cs-Korrektur) und der chromatische Fehler durch Schwankungen in der Beschleunigungsspannung bei der Strahlerzeugung oder in dicken Proben (Cc-Korrektur). Die heute erreichbare maximale Auflösung liegt im korrigierten (S)TEM bei 0,05 nm, vgl. Abb. 2.2 [11]. Dabei ist man aber noch weit von der maximalen Auflösung aufgrund der Wellenlänge der Elektronen entfernt. Nächste Schritte sind kohärente Elektronen-Quellen und weitere höhere Aberrationskorrekturen.

Weitere Entwicklungen der Transmissions-Elektronenmikroskopie sind die Elektronenholographie und die energiefilternde Elektronenmikroskopie. Läuft eine Welle (die Elektronenwelle) durch ein Objekt, wird sie in Amplitude und Phase moduliert. Das Quadrat der Amplitude ist in der TEM-Abbildung als Kontrastvariation sichtbar, während die Phase weitestgehend unsichtbar bleibt. Bei der **Elektronenholographie** wird die Welle in einem Interferenzmuster aufgezeichnet (dem Hologramm) und mit den Schritten der Numerischen Bildverarbeitung komplett in Form von Amplitude und Phase dargestellt. Am Ende erhält man ein Amplituden- und ein Phasenbild [12]. Insbesondere das im normalen TEM unsichtbare Phasenbild ist interessant, weil es Zugang zu den inneren Feldern erlaubt (elektrische und magnetische Nanofelder), die einen wesentlichen Anteil an Struktur-Eigenschafts-Beziehungen eines Festkörpers ausmachen.

Weitere Informationen aus den Wechselwirkungen Elektronen-Objekt werden mit der **Analytischen Transmissionselektronenmikroskopie** erfasst. Für die konventionelle TEM haben nur die elastischen Streuprozesse der abbildenden Elektronen in der Probe Bedeutung (Streu-Absorptionskontrast vgl. Abb. 2.6). Durch inelastische Wechselwirkungen, bei denen Elektronen des Elektronenstrahls nicht nur eine Richtungsänderung erfahren, sondern auch einen Energieverlust erleiden, gehen diese Elektronen dem Abbildungsprozess verloren, da ihre Energien (Wellenlängen) nicht mehr auf die eingestellten Parameter der Linsen und Korrektoren abgestimmt sind. Deshalb erzeugen die inelastisch gestreuten Elektronen im Bild lediglich einen diffusen Streuuntergrund und verringern damit den Bildkontrast und auch das Auflösungsvermögen. Die zusätzliche Ausnutzung der inelastischen Wechselwirkungen für einen Informationsgewinn erfolgt mittels **Energiefilternder Transmissionselektronenmikroskopie (EFTEM)**. Die Trennung von Elektronen ohne Energieverlust (Zero-loss) bis zu einem Energieverlust von mehreren 10 eV erfolgt durch Filtersysteme. In der Praxis haben sich Filtersysteme der Firmen Gatan („Gatan Imaging Filter" – GIF) und LEO („Omega"-Filter) durchgesetzt (s. Abb. 2.10). Die Vorteile liegen in einer lokalen chemischen Analyse. Ein Vorteil der Zero-Loss-Abbildung ist die Möglichkeit, auch dickere Proben mit verbesserter Auflösung zu untersuchen, da die hier auftretenden inelastischen Wechselwirkungen zwischen Elektronenstrahl und Probe durch das Energiefilter eliminiert werden (s. Abb. 2.11).

Durch die Elektronenbestrahlung werden vor allem organische Materialien (wie biologische, medizinische Stoffe aber auch Polymere) mehr oder weniger stark geschädigt. Bei der Bestrahlung treten Primärprozesse, wie Ionisierung und das Aufbrechen chemischer Bindungen auf. Stärkeren Einfluss auf die Untersuchung haben Sekundärprozesse, wie Kettenspaltungen, Masseverlust (Desorption), Verlust der Kristallinität, Vernetzungen, Probenerwärmung, elektrische Aufladungen bis zu Probenbewegungen. Als eine Faustregel gilt, dass eine umso stärkere Bestrahlungsempfindlichkeit vorliegt, je geringer der Kohlenstoffanteil ist, d. h. bei Polymeren nimmt die Empfindlichkeit in der Reihenfolge PS, PE, PC, PMMA, PVC, PTFE zu. Da die Schädigungen auf der molekularen

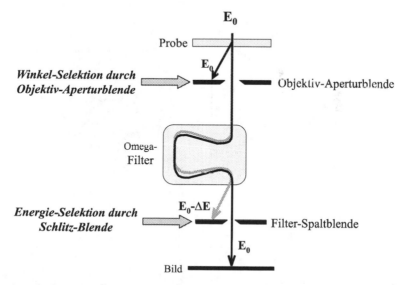

Abb. 2.10 Prinzip der energiefilternden TEM (EFTEM) mit dem sog. Omega-Filter (LEO, Zeiss), bei der inelastisch gestreute Elektronen vom Abbildungsprozess ausgeschlossen werden können (dargestellt ist die Zero-Loss-Abbildung). (Aus [9])

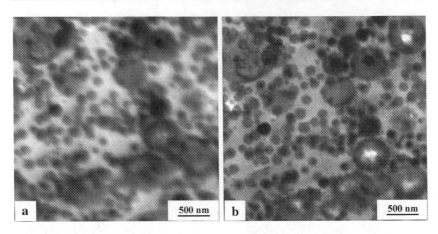

Abb. 2.11 TEM-Aufnahmen einer dicken Polymer-Probe (ABS: durch Kautschukteilchen [mit OsO_4 dunkel kontrastiert] schlagzäh modifiziertes Polymer, Schnittdicke 400 nm): **a** in konventioneller Abbildung und **b** mit Zero-Loss-Abbildung im EFTEM. (Aus [9])

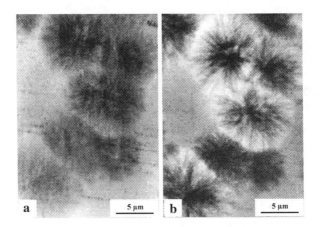

Abb. 2.12 Sphärolithe mit radialer Fibrillenstruktur in einem Polyurethan, **a** wenig bestrahlt **b** stärker bestrahlt mit Kontrastentwicklung der radialen Struktur in den Sphärolithen. (Aus [10])

Ebene erfolgen, muss dadurch die Morphologieanalyse nicht unbedingt beeinträchtigt werden. Mitunter tragen bestrahlungsinduzierte Materialschädigungen sogar zu einer vorteilhaften Kontrastverbesserung bei, wie durch selektive Vernetzungen in teilkristallinen Polymeren (s. Abb. 2.12, vgl. auch Abb. 3.10) [10].

Die Schädigungsgeschwindigkeit der Proben im Elektronenmikroskop kann durch eine Reihe experimenteller Möglichkeiten reduziert werden [9, 10]. Eine gerätetechnische Möglichkeit zur Reduzierung von Bestrahlungsschädigungen ist die Kühlung der Proben mittels spezieller Kühltische. Üblich ist eine Kühlung bis herab auf die Temperatur des flüssigen Stickstoffs (−196 °C) und für spezielle Untersuchungen z. B. von Bakterien bis zur Temperatur von flüssigem Helium in den **Kryo-Transmissionselektronenmikroskopen.**

2.3   Raster-Elektronenmikroskopie (REM)

Im Raster-Elektronenmikroskop wird das Bild nicht durch Linsen als Ganzes erzeugt, sondern wie in der Fernsehtechnik nacheinander Zeile für Zeile zusammengesetzt. Den schematischen Aufbau eines Raster-Elektronenmikroskops zeigt Abb. 2.13 mit den wesentlichen Baugruppen.

Die Elektronenkanone erzeugt einen Elektronenstrahl, der im Hochvakuum durch die nachfolgenden elektromagnetischen Linsen als sehr kleiner Punkt auf die Probenoberfläche fokussiert wird. Mittels Ablenkspulen wird dieser Elektronenstrahl Zeile für Zeile (Rastermuster, analog dem Aufbau eines Monitorbildes) über einen ausgewählten Probenbereich geführt. Dabei werden Elektronen aus der Probe emittiert, in einem Detektor aufgefangen und verstärkt. Synchron wird ein Elektronenstrahl in der Bildröhre der Auswerteeinheit des REM bewegt. Jeder auf dem REM-Monitor sichtbare Bildpunkt entspricht einem exakt definierten Punkt auf der Probenoberfläche. Die Vergrößerung lässt sich einfach durch das Verhältnis der Bildschirmgröße und der Größe des durch den Elektronenstrahl abgerasterten Probenbereiches einstellen (z. B. 10 cm Bildschirmgröße zu 0,1 mm Probengröße entspricht einer Vergrößerung von 1000:1).

Beim Auftreffen des Primärelektronenstrahls auf die Probe entstehen durch elastische und unelastische Streuprozesse mit den Atomen der Probe mehrere Wechselwirkungsprodukte, die hauptsächlich zur Bildentstehung benutzten Sekundär- (SE) und Rückstreuelektronen (RE) und die zu chemischen Analysen eingesetzten Röntgenstrahlen (s. Abb. 2.14). Die Größe des Bereiches der Wechselwirkung von Elektronenstrahl und Probe (Wechselwirkungsvolumen) ist abhängig von der Energie der Primärelektronen (Beschleunigungsspannung) und der Ordnungszahl des Probenmaterials (s. Abb. 2.15). Je höher die Beschleunigungsspannung und je kleiner die mittlere Ordnungszahl der Probenstelle, desto größer ist das Wechselwirkungsvolumen. Die Kontrastentstehung mittels Sekundärelektronen (SE) ergibt sich wesentlich aus dem Neigungswinkel der jeweiligen Probenstelle zum einfallenden Primärelektronenstrahl: Bei senkrechter Inzidenz werden weniger Sekundärelektronen aus der

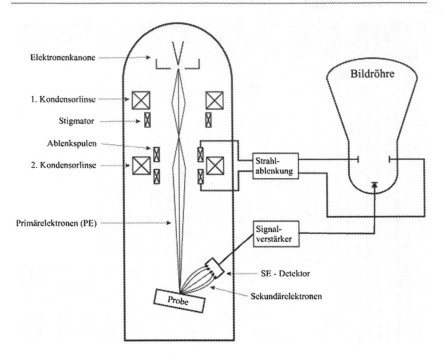

Abb. 2.13 Schematische Darstellung des Aufbaus eines REM. (Aus [9], siehe Text)

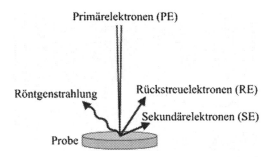

Abb. 2.14 Wechselwirkungsprodukte des Primärelektronenstrahls (PE) mit der Proben-oberfläche. (Aus [9])

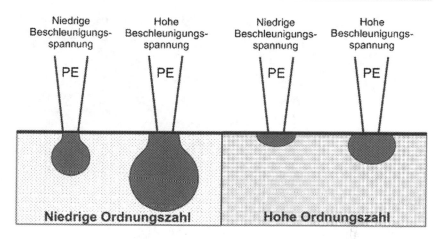

Abb. 2.15 Größe des Wechselwirkungsvolumens zwischen einfallenden Primärelektronen und der Probe in Abhängigkeit von Beschleunigungsspannung und Ordnungszahl des Probenmaterials. (Aus [9])

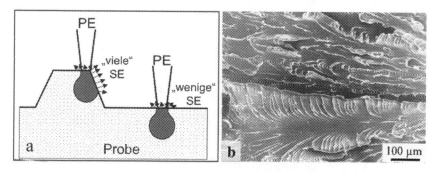

Abb. 2.16 Kanteneffekt bei der Sekundärelektronenabbildung im REM: **a** schematische Darstellung **b** kontrastreiche Darstellung von Bruchkanten in einem Polymer (Polykarbonat). (Aus [9])

Probe emittiert als bei schräger Bestrahlung, sodass schräge Stellen und Kanten hell erscheinen und sehr kontrastreich Oberflächenstrukturen abgebildet werden *(Kanteneffekt, Topographiekontrast)* (s. Abb. 2.16). Die Anzahl der Rückstreuelektronen (RE) hängt stark vom Material der untersuchten Probenstelle ab und steigt mit der Ordnungszahl. Daher eignet sich die RE-Abbildung besonders für Untersuchungen der Materialzusammensetzung einer Probe *(Materialkontrast)*.

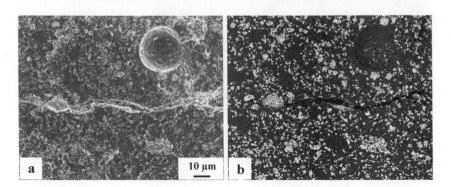

Abb. 2.17 Topographiekontrast im SE-Bild (**a**) und Materialkontrast im RE-Bild (**b**) derselben Stelle in einem Knochenzement. (Polymer mit Füllstoffteilchen, aus [9])

Abb. 2.17 zeigt eine Polymermatrix mit anorganischen Füllstoffteilchen (Knochenzement) im Sekundärelektronen- und Rückstreuelektronenbild: das SE-Bild gibt vor allem Topographieunterschiede wieder, während im RE-Bild die anorganischen Teilchen infolge ihrer größeren Dichte (Ordnungszahl) besonders deutlich dargestellt werden.

Als eine weitere Wechselwirkung des Elektronenstrahls mit der Probe entstehen Röntgenstrahlen (s. Abb. 2.14), deren Energieanalyse weiterführende Informationen der Materialzusammensetzung bis zur quantitativen chemischen Analyse liefern. Die Röntgenstrahlen sind charakteristisch für die in der Probe enthaltenen Elemente und können entweder hinsichtlich ihrer Energie (energiedispersive Analyse von Röntgen(X-)Strahlen – **EDX**) oder der Wellenlänge (wellenlängendispersive Analyse von Röntgen(X-)Strahlen – **WDX**) analysiert werden. Mit der Analyse der Röntgenstrahlung kann nicht nur das Vorhandensein von Elementen, sondern auch deren räumliche Verteilung und relative Häufigkeit ermittelt werden. Abb. 2.18 zeigt in einem teilchengefüllten Silikonkautschuk (Katheder aus Silikon mit Röntgenkontrastmittel) auf der Bruchfläche anorganische Teilchen und im EDX-Spektrum die Elemente C (von der leitfähigen Probenbedampfung herrührend), O und Si (von der Silikonmatrix stammend) und Bi. Der Vergleich der SE-Abbildung (Bild a) mit der Bi-Verteilung von derselben Probenstelle wird als *Elementmapping* bezeichnet und zeigt, dass die Teilchen auf der Bruchfläche die Partikel des Röntgenkontrastmittels sind.

Die REM kombiniert mit EDX ist heute die Standardmethode bei der Aufklärung von Strukturen und der chemischen Zusammensetzung. Leitfähige Materialien können ohne jede weitere Vorbehandlung untersucht werden, während für nicht leitfähige Proben eine leitfähige Beschichtung (z. B. Bedampfung

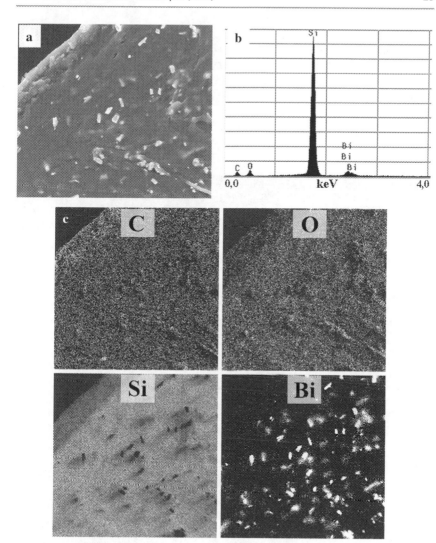

Abb. 2.18 Querschnitt durch einen teilchengefüllten Silikonkautschuk (Katheder mit Röntgenkontrastmittel) im SE – Bild (**a**), mit dem EDX-Spektrum (**b**) und den Verteilungen von C, O, Si und Bi (c, Elementmapping). (Aus [9])

mit einer dünnen Kohlenstoffschicht) erforderlich ist. Darauf kann in einem sog. Umgebungs- oder Niedervakuum-REM (**Environmental SEM – ESEM**) verzichtet werden, in denen mithilfe eines besonderen Blendensystems mit einem höheren Partialdruck (bis zu einem Druck von einigen Torr) in der Probenkammer gearbeitet werden kann. Die Gasatome in der Probenkammer werden durch den Elektronenstrahl ionisiert, und die positiven Ionen kompensieren die durch den Elektronenstrahl hervorgerufene negative Ladung auf der Probenoberfläche. Ein großer Vorteil ist dies auch für mikromechanische in-situ-Untersuchungen von elektrisch nichtleitenden Materialien (s. Abschn. 2.6). Durch das Absenken der Temperatur in der Probenkammer auf wenige Grad Celsius kann eine Luftfeuchtigkeit von 100 % erreicht werden, die ein Austrocknen von feuchten Proben vollständig verhindert. Damit werden neue Bereiche für eine elektronenmikroskopische Untersuchung erschlossen, wie feuchte, wasserhaltige Proben im technischen sowie biologisch- medizinischen Bereich. Ein Beispiel zeigt Abb. 2.19 von einem Glasionomerzement für den Dentalbereich, wo eine Untersuchung bei höheren Drücken das Material wie im Einsatzbereich zeigt (Bild a), während im REM bzw. bei niedrigen Drücken ein Austrocknen mit Separation der Bestandteile (Bild b, Trocknungsrisse) auftritt, was aber nicht dem praktischen Fall entspricht.

Außer den im REM erfassten Sekundär- und Rückstreuelektronen kann der rasternde Strahl auch dünnere Proben durchdringen und von einem unterhalb der Probe angeordneten Detektor erfasst werden (**Typ 4** in Abb. 2.1). Diese **Raster-Transmissions-Elektronenmikroskopie (RTEM)** wird oft mit verschiedenen Analysetechniken wie der energiedispersiven Röntgenspektroskopie (EDX) und der Elektronenenergie-Verlustspektroskopie (EELS) kombiniert und erreicht über spezielle Dunkelfeldtechniken atomare Auflösungen.

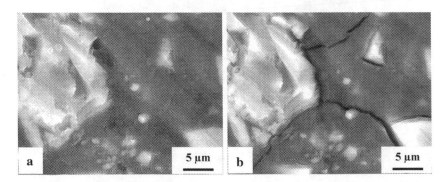

Abb. 2.19 ESEM-Aufnahmen eines Glasionomerzementes bei 4 °C und variiertem Wasserdampfdruck: **a** 5,9 Torr, **b** 2,2 Torr mit Austrocknungen (Phasenseparation, Trocknungsrisse). (Aus [9])

Üblicherweise wird in der REM mit Elektronenbeschleunigungen von 10–30 kV gearbeitet. Hierbei werden in strahlempfindlichen Materialien, wie etwa in Polymeren, chemische Bindungen gespalten. Eine Reduzierung der Beschleunigungsspannungen, d. h. der Elektronenenergien, erlaubt die Untersuchung unbeschädigter Strukturen bei hohen Vergrößerungen. Diese **Niederspannungs-REM** und **Niederspannungs-Hochauflösungs-Rasterelektronenmikroskopie (LV-SEM)** liefert auch eine besonders kontrastreiche Materialdifferenzierung in dünnsten Oberflächenschichten. Bei 0,3 kV werden aktuell in der Abbildung Auflösungen von besser als 0,7 nm im Sekundärelektronenbild erreicht [11].

Neben Verbesserungen der Ortsauflösung und besserer Analytik zielen neuere Entwicklungen auch auf eine Erhöhung der Aufnahmegeschwindigkeit. Eine Beschleunigung der Bilderzeugung durch ein schnelleres Auslenken des Primärstrahles würde schnellere Detektoren zur Messung des Sekundärelektronensignals und eine höhere Stromstärke des Primärstrahles erfordern, was die Auflösung verschlechtert, da die elektrische Abstoßung der Elektronen im Primärstrahl den Fokus erweitert. Eine mögliche Lösung ist, viele Elektronenstrahlen gleichzeitig in einem einzigen Aufbau zu verwenden, in einem sog. **Multistrahl-REM** [13]. Nach verschiedenen Prototypen gibt es ein praxistaugliches Gerät mit dem MultiSEM von ZEISS [14]. Hierbei wird statt mit einem einzigen Primärstahl die Probe mit einem Bündel aus vielen Primärstrahlen gleichzeitig beleuchtet. Eine gemeinsame Projektionsoptik mit Ablenkungseinrichtung fokussiert und rastert das Strahlenbündel über die Probe. Die parallele Nutzung mehrerer Elektronenstrahlen (in einer neueren Gerätevariante über 91) vergrößert die Probenfläche, die in einem Rasterdurchgang abgebildet werden kann. Der hohe Automatisierungsgrad ermöglicht die Aufnahme von hunderten von Serienschnitten einer Probe in kurzer Zeit (wie sie mit einem Ultramikrotom mit automatischem Schnittsammler erhalten werden können – s. Abschn. 3.1) und eröffnet viele zukünftige Möglichkeiten (s. Abb. 5.1 und Kap. 5).

2.4   Reflexions- und Emissions-Elektronenmikroskopie

Wie in Kap. 1 bereits erwähnt, führte die Vorstellung, wie in der Lichtmikroskopie ergänzend zur Durchstrahlungsmikroskopie mit der Auflichtmikroskopie, auch elektronenoptisch über eine Untersuchungstechnik für die Abbildung von Oberflächen nicht durchstrahlbarer, massiver Objekte zu verfügen, zur Entwicklung der Elektronenspiegelmikroskopie und der Emissionsmikroskopie (vgl. **Typ 2** in Abb. 2.1), zumeist der **Photoemissions-Elektronenmikro-skopie (PEEM)**. Parallel zur PEEM-Entwicklung erfolgte die Entwicklung eines Reflexions-Elektronenmikroskops, das auf der oberflächensensitiven Beugung langsamer Elektronen beruht. Diese unter **low-energy electron micro-scopy (LEEM)** bekannte Technik wird in der Regel in Kombination mit PEEM betrieben und erlaubt auch eine elektronenspiegelmikroskopische Abbildung von Oberflächen [15].

Die von Prof. Bethge eingeführte UHV-PEEM-Technik markiert den Startpunkt vielfältiger Weiterentwicklungen und Anwendungen der Elektronenmikroskopie an Festkörperoberflächen. Für Arbeiten zur Abbildung katalytischer Oberflächenreaktionen auf Platin mittels UHV-PEEM erhielt G. Ertl 2007 den Nobelpreis für Chemie. Weitere Fortschritte gelangen mit der Anwendung neuartiger Lichtquellen für die Photoemission; so erlaubt der Einsatz von ultrakurzen Laserpulsen die PEEM-Abbildung von dynamischen Prozessen an Oberflächen mit Femtosekunden-Zeitauflösung [16]. LEEM-PEEM wird in der Regel unter UHV-Bedingungen betrieben. Oberflächenreaktionen auch unter angenäherten Normaldruckbedingungen (NAP – near ambient pressure) können mit einem neuen NAP-LEEM-PEEM untersucht werden [17].

2.5   Rastersondenmikroskopie

Anfang der 1980er-Jahre führte ein origineller Ansatz von G. Binnig und H. Rorer bei IBM in Rüschlikon, Schweiz zur Entwicklung einer völlig anderen Mikroskopieart, der **Rastertunnelmikroskopie** [18]. Hierbei wird eine feine Metallspitze mit Hilfe von Piezoaktoren sehr dicht über die Probenoberfläche gescannt. Zwischen Spitze und Probe liegt eine Spannung, sodass infolge des sehr kleinen Abstandes ein Tunnelstrom fließt. Dieser wird zur zeilenweisen Bildgebung benutzt und erlaubt Oberflächendarstellungen bis in den atomaren Bereich. Außer dem Tunnelstrom (für leitfähige Proben) können verschiedene andere physikalische Wechselwirkungen zwischen Probe und Spitze bei nicht leitfähigen Materialien zur Bildentstehung in den Raster-Kraftmikroskopen bzw. allgemein in den **Raster-Sondenmikroskopen** herangezogen werden. Bei der **Raster-Kraftmikroskopie (Scanning Force Microscopy, SFM oder Atomic Force Microscopy, AFM)** werden als Wechselwirkungsmechanismen verschiedene Kräfte (atomare Kräfte, van der Waalsche Kräfte) genutzt. Ein derartiges Mikroskop ist im prinzipiellen Aufbau recht einfach, nimmt nicht viel Raum ein, erfordert aber eine umfangreiche Datenverarbeitung. Abb. 2.20 zeigt ein Rasterkraftmikroskop in Übersicht (a), im Schnittbild (b) und als Prinzipskizze (c) [10]. Die feine Metallspitze wird durch Wechselwirkungen mit der

Probe ein wenig ausgelenkt. Die Auslenkung wird durch einen Laserstrahl analysiert. Die Sensorspitze ist an einer miniaturisierten Blattfeder (cantilever) befestigt, die bei hinreichend kleinem Abstand zwischen Spitze und Probe entsprechend der wirksamen Kraft bis maximal etwa 10 nm verbogen wird. Die Auslenkung eines von der Rückseite der Feder reflektierten Laserstrahls wird mit einem 4-Quadranten-Detektor gemessen.

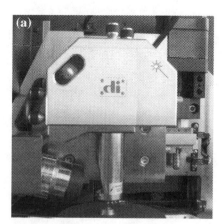
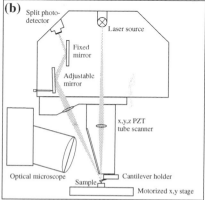
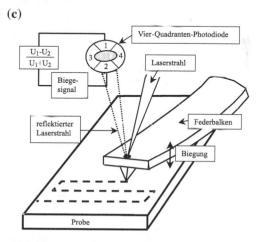

Abb. 2.20 Prinzip eines Rasterkraftmikroskopes (AFM) zur Erfassung abstandsabhängiger Kraftwechselwirkungen zwischen Spitze und Probe, **a** Ansicht **b** Schnittbild **c** Prinzip. (Adaptiert nach [9, 10])

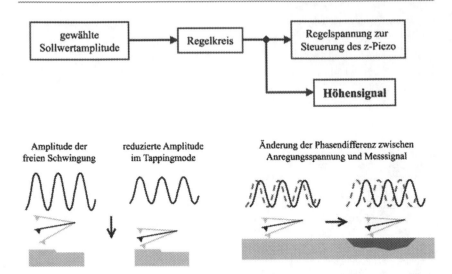

Abb. 2.21 Schematische Darstellung des „Tapping Mode". (Aus [9])

Besonders vorteilhaft sind hierbei Techniken zur dynamischen Kraftmikro-
skopie, bei denen der Federbalken senkrecht zur Probenoberfläche in Schwin-
gung gesetzt wird und Änderungen in Amplitude, Phase oder Resonanzfrequenz
der Federbalkenschwingung ausgewertet werden. Besondere Bedeutung hat
der „Tapping Mode" erlangt, bei dem der Abstand zwischen Sensorspitze
und der Probenoberfläche und die Schwingungsamplitude so eingestellt werden, dass die Spitze während jedes Schwingungszyklus nur für einen Bruchteil
der Schwingungsperiode an die Probenoberfläche anstößt bzw. in sie eindringt
(s. Abb. 2.21). Neben einer Topographieabbildung können damit lokale Steifig-
keitsänderungen der Probenoberfläche (Phasensignalbild) bestimmt werden.

Abb. 2.22 zeigt im Vergleich mit einer TEM-Aufnahme (Bild a) ein Phasenbild eines heterogen aufgebauten Polymers (Bild b) aus einer teilkristallinen,
lamellaren HDPE Matrix (high density PE) mit VLDPE-Partikeln (very low density PE). An Objektstellen geringerer Steifigkeit (weicheres Material) werden
größere Schwingungsamplituden registriert, die im Bild als hellere Strukturen
wiedergegeben werden: weiche VLDPE-Partikel in der Matrix (sie sind im TEM-
Bild durch starke Kontrastierung dunkel) und amorphe Anteile zwischen den
Lamellen (sie erscheinen im TEM-Bild infolge geringerer Kontrastierung grau).

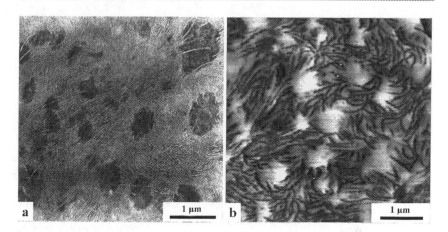

Abb. 2.22 TEM-Aufnahme (**a**) und AFM-Phasensignalbild (**b**) eines heterogenen Polymerblends aus einer lamellaren PE-Matrix mit weichen Partikeln. (Aus [9])

Obwohl die generelle Strukturwiedergabe in beiden Fällen gleich ist, zeigt das AFM-Bild ein weiteres Detail mit einer linienartigen Anordnung kleiner Kriställchen (Mosaikblöckchen) innerhalb der dunklen Lamellen, die im TEM-Bild hier nicht erkennbar ist.

2.6 In-situ-Mikroskopie

Mit den elektronenmikroskopischen Techniken können nicht nur quasi statisch Strukturen in Materialien, sondern auch dynamisch Veränderungen im Material unter verschiedenen Umgebungseinflüssen untersucht werden – das ist das Gebiet der **in-situ-Mikroskopie.**

Zur Analyse mikro- und nanomechanischer Prozesse gibt es verschiedene Dehn- und Biegeapparaturen für das REM, TEM und AFM [10] (s. Abb. 2.23).

Besonders effektiv ist die in-situ-Mikroskopie im Höchstspannungs-Elektronenmikroskop, da hier aufgrund der hohen Strahlspannung die untersuchbaren Probendicken so groß sind, dass die Materialeigenschaften oftmals schon den im kompakten Körper vorliegenden Eigenschaften entsprechen [19, 20].

Abb. 2.23 Zugmodul der
Fa. Oxford Instruments, der
in-situ-Dehnungen im REM
im Temperaturbereich von
−180 bis +200 °C erlaubt.
(Adaptiert nach [10])

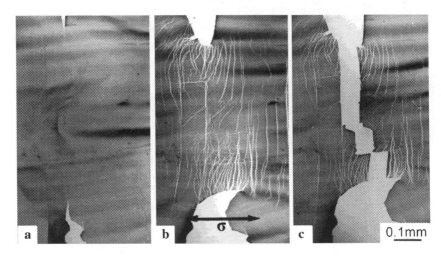

Abb. 2.24 In-situ-Deformation eines glasartigen Polymers (0,5 µm dicker PS-Dünn-
schnitt) im 1000 kV HEM: **a** Die Ausgangsprobe ist oben und unten gekerbt; **b** unter
Belastung haben sich ausgehend von den Kerben sog. Crazes senkrecht zur Dehnrichtung
σ gebildet; **c** ansteigende Belastung führt zur Rissentstehung und dem Durchreißen entlang
der Crazes. (Aus [21])

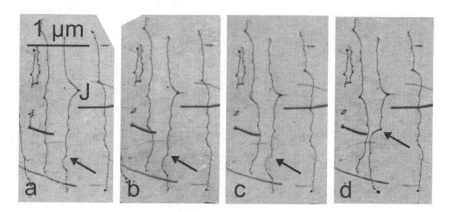

Abb. 2.25 In-situ-Dehnversuch im 1000 kV HEM: Nacheinander folgende Stadien der Bewegung von Versetzungen (dunkle Linien) bei der Verformung eines MgO-Kristalls; unter Last bauchen sie sich aus und bewegen sich (s. Pfeile). (Mit freundlicher Genehmigung von U. Messerschmidt, F. Appel, 1987)

Abb. 2.24 zeigt eine Serie aufeinanderfolgender HEM-Aufnahmen eines glasartigen Polymers mit unter Belastung gebildeten Crazes[1] (helle Bänder) als Vorläufer des nachfolgenden Durchrisses der Probe [21]. Wesentliche Fortschritte durch die in-situ-Mikroskopie wurden auch an Halbleitermaterialien, metallischen und keramischen Kristallen gefunden, indem derartige Tests die Bewegung von Versetzungen[2] zeigen (s. Abb. 2.25). Mit maßgeschneiderten Apparaturen für das 1000 kV HEM können Proben auch bei höheren Temperaturen (bis über 1000 °C für definierte Hochtemperaturdehntests) belastet werden [22].

Außerdem können in-situ mit Heizhalten und Kühltischen thermische Effekte und durch angelegte Mikrofelder elektrische und magnetische Effekte untersucht werden. Vakuumdichte Feuchtigkeitszellen („closed cell" in-situ-TEM Halter) erlauben feuchtigkeitshaltige sowie biologische Materialien in natürlicher Umgebung zu untersuchen (eine alternative neuere Technik ist das Umgebungs-REM oder ESEM – vgl. Abb. 2.19).

---

[1]Die Crazes sind lokale Deformationszonen von einigen 100 nm Dicke und mehreren µm Länge, die wesentlich die Bruchzähigkeit bewirken.

[2]Versetzungen sind linienhafte Kristallbaufehler und Träger der plastischen Verformung von Kristallen.

Probenpräparationen 3

3.1 Überblick

Die verschiedenen mikroskopischen Techniken erlauben heute Strukturaufklärungen bis in den subatomaren Größenbereich. Zur Ausnutzung dieser Möglichkeit sind zumeist spezielle Probenvorbereitungen oder Präparationen zur Verbesserung der Struktursichtbarkeit bzw. des Kontrastes erorderlich. Das Schema in Abb. 3.1 illustriert, mit welchen Techniken Untersuchungen von Oberflächen und womit Analysen aus dem Inneren von Materialien durchgeführt werden können. Mit der Raster-Elektronenmikroskopie (REM) und der Rasterkraft-Mikroskopie (AFM) und weiteren Verfahren der Raster-Sondenmikroskopie können direkt Oberflächenstrukturen analysiert werden.. Die hauptsächlich genutzte Methode zur Untersuchung innerer Strukturen ist die Präparation dünner und ultradünner Proben und deren Untersuchung im TEM und AFM. Die Herstellung von Replikas (Abdrücken von Oberflächenstrukturen) und deren Untersuchung im TEM wurde früher öfter genutzt und ist heute durch die wesentlich einfachere REM und AFM ersetzt worden [9, 10].

Der optimale Einsatz der elektronenmikroskopischen Techniken erfordert an das zu untersuchende Material angepasste und optimale Probenpräparationen. Nach wie vor gilt der alte Spruch „Gut präpariert ist halb mikroskopiert". Einen Überblick über Verfahren zur Herstellung von Oberflächen mit herausgearbeiteten Strukturdetails, Präparation von dünnen Schichten aus vor allem härteren, anorganischen Materialien sowie von Dünnschnitten aus weicheren (soft matter) und biologischen Materialien zeigt Abb. 3.2.

© Springer Fachmedien Wiesbaden GmbH, ein Teil von Springer Nature 2019
G. H. Michler, *Kompakte Einführung in die Elektronenmikroskopie*, essentials,
https://doi.org/10.1007/978-3-658-26688-2_3

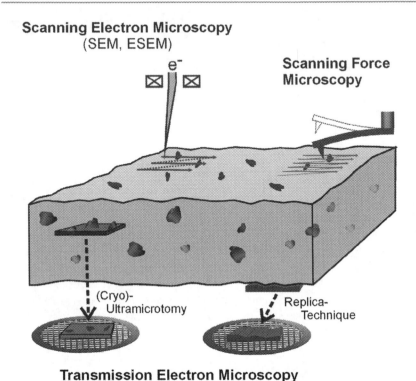

Abb. 3.1 Einsatz der verschiedenen mikroskopischen Techniken zur Untersuchung von Oberflächen und dem Inneren von Materialien. (Aus [10])

Diese Hauptlinien enthalten grob skizziert folgende Präparationstechniken:

- *Präparation von Oberflächen:* Nur selten zeigt eine frei gewachsene Oberfläche die Materialstruktur. Aussagekräftiger sind glatte (Ultra-)Mikrotom-Anschnitte (s. Abschn. 3.3) oder Anschliffe, die zur Verstärkung der Kontraste selektiv (auf chemischen oder physikalischen Wegen) geätzt werden können. Ein kaum noch genutztes indirektes Verfahren ist die Abdrucktechnik mit der Transmisssions-Elektronenmikroskopie (TEM). Die innere Morphologie kann in einfachen Fällen auch über definiert hergestellte Bruchflächen freigelegt und im REM erfasst werden.

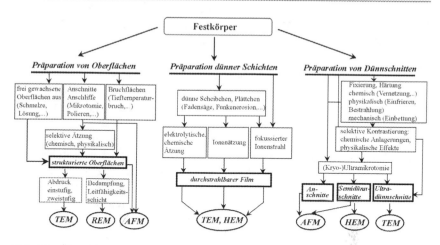

Abb. 3.2 Übersicht über Hauptlinien der Präparations- und elektronenmikroskopischen Untersuchungsmöglichkeiten zur Aufklärung der Morphologie kompakter Materialien. (Aus [9])

- *Präparation dünner Schichten:* Zumeist durch mechanische Verfahren (Fadensäge, Schleifen, Polieren) oder Ionenstrahlen hergestellte dünne Scheibchen mit Dicken möglichst unterhalb 0,1 mm werden in einem zweiten Schritt durch elektrolytische, chemische Ätzung bzw. durch Ionenätzen so weit abgedünnt, dass durchstrahlbare Bereiche entstehen. Die erforderlichen Filmdicken liegen je nach Materialdichte für die konventionelle 100 bis 200 kV TEM bei einigen 10 nm bis zu wenigen 100 nm und für die 1000 kV HEM bis zu wenigen Mikrometern. Zur fokussierten Ionenstrahltechnik siehe Abschn. 3.2.
- *Präparation von Dünnschnitten:* Die vor allem für weichere, organische Materialien universell einsetzbare Methode ist die (Kryo-) Ultramikrotomie. Mittels der Kryo- und Ultramikrotomie werden semi- und ultradünne Schnitte aus kompakten Materialien zur Untersuchung im TEM, REM oder AFM hergestellt. Härtere Materialien wie harte Polymere und weiche Metalle können unmittelbar geschnitten werden. Weichere Materialien wie die meisten Polymere und biologisch-medizinische Materialien müssen vor dem Schneiden gehärtet („fixiert") werden oder in den Kryo-Ultramikrotomen bis auf tiefere Temperaturen eingefroren werden. Neben der Härtung (Fixierung) des Materials sind oftmals Kontrastverbesserungen erforderlich.

3.2 Präparation dünner Schichten (mittels Ätztechniken)

Ätztechniken spielen die zentrale Rolle bei der Untersuchung anorganischer harter Materialien. Ihre Auswahl und Durchführung bestimmt den Gesamtaufwand der Untersuchung, aber auch die erreichbare Aussagekraft der Strukturaufklärung insbesondere auch bei der hochauflösenden Elektronenmikroskopie. Es ist sicherzustellen, dass durch die Bearbeitung mittels Ätzverfahren keine mechanisch oder thermisch induzierte Schädigungsartefakte in der Probe erzeugt werden oder die interessierenden Strukturdetails nicht verdeckt werden. Eine zentrale Bedeutung spielen heutzutage **Ionenstrahlätzverfahren.** Aus einer Quelle werden Ionen extrahiert, durch elektrostatische Felder zu einem Strahl gebündelt und gleichzeitig in Richtung Probe beschleunigt. Durch den mechanischen Impulsübertrag der auftreffenden Ionen wird ein definierter Materialabtrag erzeugt, ohne dass eine mechanische Beanspruchung erforderlich ist (wie bei den metallographischen Schleifverfahren. Die am häufigsten genutzte Ionenstrahltechnik ist die **fokussierende Ionenstrahltechnik („focused ion beam technique", FIB),** bei der der Ionenstrahl mittels elektrostatischer Linsen und Blenden auf einen Bereich von nur wenigen Nanometern fokussiert wird. Die infolge der Wechselwirkung des Ionenstrahls mit der Probe entstehenden Sekundärelektronen ermöglichen zusätzlich auch eine Abbildung und Überprüfung des Ätzprozesses wie in einem REM. Damit kann der Ätzprozess kontinuierlich abgebildet und mit sehr hoher Genauigkeit verfolgt werden, was vor allem für die Zielpräparation sehr kleiner Details, wie z. B. Defektstrukturen in Transistoren der Nanoelektronik entscheidend ist. Der Ätzprozess erfolgt mit Gallium oder in plasmabasierten Strahlquellen mithilfe des Edelgases Xenon, wobei durch die höhere Masse der Ionen die Ätzrate um den Faktor 10 bis 20 ansteigt. Für die TEM-Querschnittspräparation werden direkt vor und hinter dem interessierenden Probenbereich Gräben herausgeätzt. Die entstehende Probenlamelle wird in nachfolgenden Polierprozessen mittels des Ionenstrahls auf Dicken unterhalb 200 nm bis 10 nm abgedünnt, um die für das TEM erforderliche Elektronenstrahltransparenz zu erreichen. Ist die Zieldicke erreicht, wird durch den Ionenstrahl die Probenlamelle an ihren Seiten- und Unterkanten vollständig von der Probe separiert – siehe Abb. 3.3. Mithilfe eines Nadelmanipulators oder Clipgreifers wird die Lamelle aufgenommen, herausgeführt und auf einen TEM-Probenhalter abgelegt.

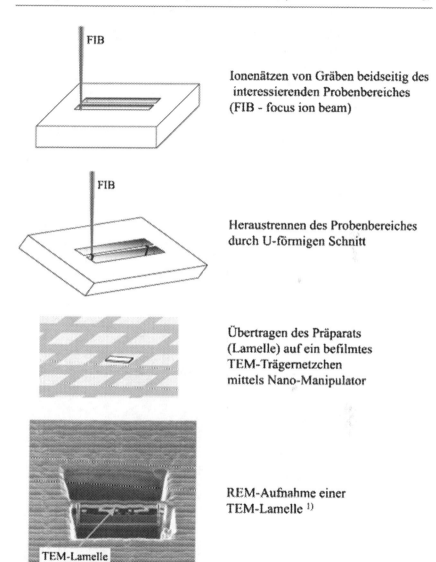

Abb. 3.3 Direktherstellung durchstrahlbarer Lamellen mittels focus ion beam technique – FIB. (Aus [9],[1] Quelle: Fraunhofer IMWS Halle)

3.3 Präparation von soft matter (mittels Kryo-Ultramikrotomie)

Im Ultramikrotom werden mittels einer mechanischen Trenntechnik dünne und ultradünne Schnitte mit einem Glas- oder Diamantmesser hergestellt. Der Probenhalter des Ultramikrotoms bewegt sich dabei entlang einer scharfen Messerkante (Glas- oder Diamantmesser) und erzeugt einen Schnitt mit einer Dicke, die durch die Vorwärtsbewegung des Probenhalters bestimmt wird (s. Abb. 3.4). Die Vorwärtsbewegung des Probenarms kann durch einen thermischen oder mechanischen Vorschub erfolgen. Die Schnitte werden auf der Messeroberfläche entweder direkt aufgefangen („Trockenschneiden") oder in einem Wassertrog gesammelt („Nassschneiden"). Das Schneiden kann auch bei tieferen Temperaturen bis zur Temperatur des flüssigen Stickstoffs durchgeführt werden (Kryo-Ultramikrotomie). Beim Kryoschneiden werden weichere Materialien bis unter ihre Glastemperatur abgekühlt und so gehärtet (fixiert). Weichere Materialien können auch auf chemischem Weg oder physikalisch durch Bestrahlung gehärtet werden, indem im Material Vernetzungen initiiert werden (oftmals bewirken solche Härtungsreaktionen auch selektive Kontrastverbesserungen – siehe unten). Das Prinzip der Ultramikrotomie ist in all den Jahren das Gleiche geblieben, aber die Anwenderfreundlichkeit und Bedienbarkeit wurden deutlich verbessert.

Auch neue Messerkonfigurationen, wie das sog. „Oszillierende Messer" der Fa. Diatome Ltd, Biel (Schweiz), das durch einen Piezokristall in Schwingungen versetzt wird, haben den Anwendungsbereich der Mikrotomie erweitert [23].

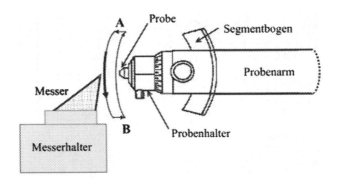

Abb. 3.4 Schematische Darstellung der Relativbewegung von Probe und Messer beim Schneideprozess in einem Ultramikrotom (A – Vorschub, B – Rückzug des Probenarms). (Aus [8])

Durch das oszillierende Messer werden beim Schneiden von duktilen Materialien Verschmierungseffekte und Stauchungen bzw. Verzerrungen der Struktur vermindert (s. Abb. 3.5) [24]. Das oszillierende Messer kann auch in der Kryo-Ultramikrotomie zu wesentlichen Verbesserungen führen.

3D-Analysen (räumliche Analysen) von Strukturen können durch Serienschnitte mit dem Ultramikrotom und anschließende Untersuchung der einzelnen Schnitte im TEM in Verbindung mit der Bildverarbeitung durchgeführt werden. Zwei neu entwickelte Methoden haben diesen Prozess automatisiert und damit wesentlich vereinfacht, wobei aber Abbildungen nur im REM mit der gegenüber dem TEM geringeren Auflösung möglich sind. Bei der ersten Methode ist ein Ultramikrotom in die Probenkammer eines REM eingebaut (s. Abb. 3.6) [25]. Mit dem Ultramikrotom werden Schnitte abgetragen und die frisch erzeugte Anschnittfläche mit dem REM aufgenommen bzw. mit einem ESEM, um die leitfähige Bedampfung zu vermeiden. Dann wiederholt sich der Prozess automatisiert bis zu mehrere tausend Mal. Die Bilder der aufeinanderfolgenden Anschnittflächen werden räumlich zusammengesetzt.

Bei der zweiten Methode wird ein erweitertes konventionelles Ultramikrotom verwendet, das mit einem automatischen Schnittsammler kombiniert ist (ATUM-tome, Automatic Tape-collecting UltraMicrotome [26, 27]. Eine Serie ultradünner Schnitte wird von einem Band automatisch aufgenommen (s. Abb. 3.7) und im

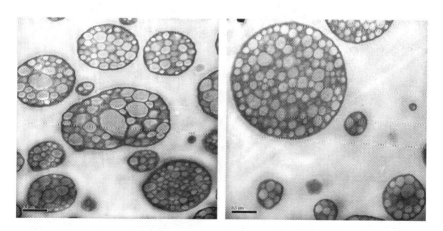

Abb. 3.5 TEM-Aufnahmen von schlagzähem Polystyrol mit sog. Salamiteilchen (selektiv kontrastiert) in einer PS-Matrix: links verformt und gestaucht nach Schneiden im Ultramikrotom mit einem herkömmlichen Messer, rechts nach Schneiden mit einem oszillierenden Messer. (Mit freundlicher Genehmigung von C. Mayrhofer, Graz)

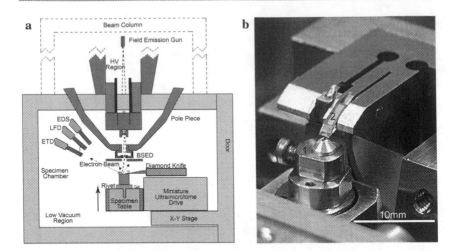

Abb. 3.6 Ultramikrotom in einem REM für direkte in-situ-3D-Analysen: **a** Schema eines Ultramikrotoms montiert in einem ESEM mit verschiedenen Detektoren, **b** Ansicht des Ultramikrotoms mit Probenhalter (1) und Diamantmesser (2). (Aus [25])

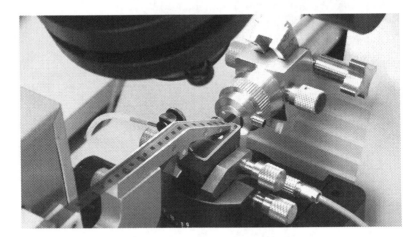

Abb. 3.7 ATUMtome: ein Ultramikrotom mit einem automatischen Schnittsammler (gelbes Band im Vordergrund; Diamantmesser blau, Probe mit schwenkbarem Probenarm rechts oben). (Quelle Science Services GmbH München; RMC Boeckeler Tucson)

REM abgebildet. Die Rekonstruktion der Bilddaten in 3D erfolgt in leistungs-
starken Rechnern. Die erforderliche Zeit für die Bildaufnahme kann mit spe-
ziellen Mikroskopen, wie dem Multistrahl-REM (ZEISS MultiSEM – s. Kap. 5)
deutlich reduziert werden.

Serielles Schneiden ist auch mittels FIB möglich, wobei das Abtragen von
Material mit einer FIB aber sehr viel mehr Zeit beansprucht als für einen Ultradünnschnitt mit einem Ultramikrotom.

3.4 Kontrastverbesserungen

Öfter ist bei Beobachtungen im TEM oder REM der Kontrast zwischen den interessierenden Strukturdetails zu gering oder soll gezielt verbessert werden. Hierfür
stehen mehrere Verfahren zur Verfügung, die entweder auf chemischen oder physikalischen Effekten beruhen [10].

Eine **chemische Behandlung (staining)** kann mit verschiedenen Reagen-
zien erfolgen, die eine Vernetzung oder eine selektive Anlagerung schwererer
Elemente und damit eine lokale Dichterhöhung bewirken. Übliche chemische
Kontrastier- (und damit zumeist auch Fixier-) Medien sind Osmium- und Ruthe-
niumtetroxid, Uranylacetat, Brom und Kombinationen mit anderen Chemikalien.
Üblicherweise werden hierdurch Doppelbindungen des Materials angegriffen,
was zu Vernetzungen oder Anlagerung schwererer Elemente führt. Die breiteste
Anwendung derartiger Chemikalien findet sich in der Biologie, Medizin und bei
Kunststoffuntersuchungen. Ein Beispiel aus der Biologie zeigt Abb. 3.8 mit Bak-
terien nach unterschiedlichen Fixier- und Kontrastierschritten. Für Materialien
mit verschiedenen Komponenten ist mitunter auch eine kombinierte Kontrastie-
rung mit nacheinander unterschiedlichen Reagenzien erfolgreich (vgl. Abb. 4.1).
Die chemische Behandlung kann vor der Präparation (z. B. dem Schneiden im
Ultramikrotom) oder nach der Präparation an den Dünnschnitten erfolgen.

Zwei **physikalische Verfahren** können auch zu Kontrasterhöhungen führen.
In heterogenen und leicht vernetzbaren Materialien wie Polymeren können durch
Gammastrahlen oder Elektronenstrahlen verschiedene Primär- und Sekundär-
effekte initiiert werden, die über Masseverlust oder Vernetzung zu einer selektiven
Kontasterhöhung führen. Abb. 3.9 zeigt den Effekt der Kontrasterhöhung durch
γ-Bestrahlung in einem teilkristallinen Polymer (LDPE, low density PE) durch
Hervortreten konzentrischer Ringe in den Sphärolithen (Bild a) und verstärkte Sicht-
barkeit kristalliner Lamellen (hell in Bild b). Dieser Effekt wurde als „**bestrahlungs-
induzierte Kontrasterhöhung**" bezeichnet (vgl. auch Abb. 2.12) [21].

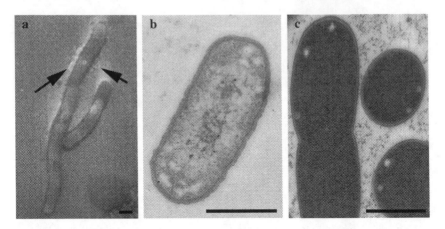

Abb. 3.8 Bakterien im EM (µm- Strich entspricht jeweils etwa 0,5 µm): **a** – unbehandelt im ESEM (Shewanella putrefaciens), **b** – chemisch fixiert und kontrastiert, TEM (Xanthomonas campestris), **c** – nach Kryofixation/Kryosubstitution, kontrastiert, TEM (Escherichia coli). (Mit freundlicher Genehmigung von G. Hause [29])

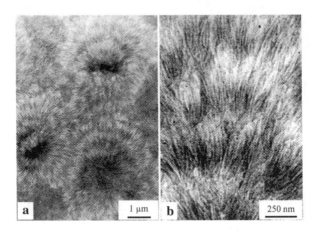

Abb. 3.9 Kontrastentwicklung in einem teilkristallinen Polymer (LDPE) durch γ-Bestrahlung (mit einer Dosis von 20 MGy): **a** konzentrische Ringe innerhalb der Sphärolithe, **b** radial angeordnete Lamellen innerhalb der konzentrischen Ringe. (Aus [21])

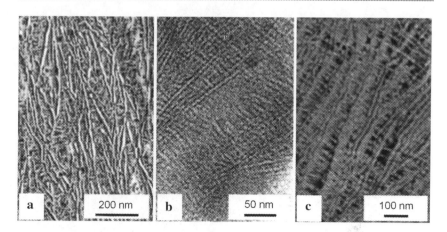

Abb. 3.10 Vergleich der Ergebnisse verschiedener Präparations- und Untersuchungsverfahren an einem Kunststoff (α-iPP), **a** chemisch geätzte Oberfläche (Permanganatätzung) im REM, **b** chemisch kontrastierter Ultradünnschnitt im TEM, **c** Anschnitt ohne Vorbehandlung, AFM-Bild. (Aus [30])

Eine unkonventionelle Methode, die sich bei der in-situ-Mikroskopie zeigte, ist die Dehnung dünner heterogen aufgebauter Materialien. Weichere oder leichter deformierbare Bereiche (kleinerer Elastizitätsmodul) werden bei Belastung verstärkt gedehnt und erscheinen im TEM-Bild heller. Dieser als „**dehnungsinduzierte Kontrasterhöhung**" [21] bezeichneter Effekt ist auch dann wertvoll, wenn eine chemische Kontrastierung versagt (z. B. bei chemisch beständigen Kunststoffen).

Mitunter können bei Strukturuntersuchungen mehrere verschiedene Methoden und Verfahren eingesetzt werden, die natürlich die gleichen Ergebnisse aber mit unterschiedlichen Details ergeben. Einen Vergleich der Ergebnisse von verschiedenen elektronenmikroskopischen Techniken und Präparationen an einem Kunststoff zeigt Abb. 3.10. Die typische „cross-hatched" Morphologie von isotaktischem Polypropylen (iPP) wird in allen Fällen wiedergegeben, wobei sich aber die Detailerkennbarkeit der Lamellen unterscheidet.

Bildverarbeitung und Bildsimulation

4

Methoden der Bildverarbeitung, Bildrekonstruktion und Bildanalyse haben das Ziel, die Bildinformationen einer mikroskopischen Aufnahme so zu verändern, dass sowohl die Bildqualität verbessert wird, als auch quantitative Informationen zu Strukturdetails bestimmt werden können [31]. Voraussetzung ist ein digitalisiertes Bild, das heute in den Elektronenmikroskopen und Rastersondenmikroskopen direkt erhalten und gespeichert wird.

Unter dem Begriff **Bildverarbeitung** werden alle Techniken subsummiert, die auf digitale oder analoge Weise direkt die Bildinformation verändern, ohne den Abbildungsprozess selbst zu modellieren. Die einfachste Bildverarbeitung ist die Bildverbesserung, wobei Bilddetails besser erkennbar gemacht und einfache Abbildungsfehler korrigiert werden, wie z. B. Manipulationen von Kontrast und Bildhelligkeit. Bildwiederherstellung ist etwas anspruchsvoller und beinhaltet die Beseitigung oder die Reduzierung von Bilddegradation, Verwackelung und Verwaschung. Eine Rauschminderug wird durch Bildakkumulation erreicht, d. h. durch Verknüpfung mehrerer gut zueinander justierter Bilder.

Eine **Bildanalyse** dient dazu, bestimmte interessierende Bildinformationen quantitativ zu bestimmen, wie Phasenanteile, Partikelgrößen oder Partikelabstände. Bei klaren Grauwerttrennungen ist meist eine automatische Bildanalyse möglich. Abb. 4.1 zeigt eine TEM-Aufnahme eines dreiphasigen Polymerblends, wo durch Definition der Grauwertbereiche die entsprechenden Phasen widergespiegelt und die Phasenanteile bestimmt werden.

Eine zentrale Fragestellung aller mikroskopischen Untersuchungen ist der Erhalt räumlicher Strukturinformationen aus den zweidimensionalen Bildern. Die klassische Technik ist ein Kippen der Probe im Mikroskop um einen definierten Winkel und die anschließende Betrachtung der beiden Stereo-Bilder – analog wie mit den beiden Augen ein räumlicher Eindruck durch Betrachten des Objektes unter etwas verschiedenen Winkeln entsteht (s. Abb. 4.2).

© Springer Fachmedien Wiesbaden GmbH, ein Teil von Springer Nature 2019
G. H. Michler, *Kompakte Einführung in die Elektronenmikroskopie,* essentials,
https://doi.org/10.1007/978-3-658-26688-2_4

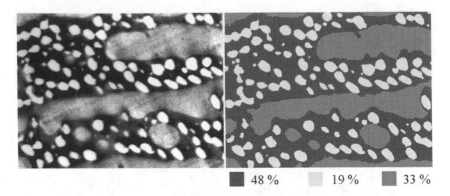

■ 48 %　　░ 19 %　　■ 33 %

Abb. 4.1 TEM-Aufnahme eines Polyamidblends, bei der die drei Phasenanteile (PA 6, PA 12, Modifier) durch selektive chemische Kontrastierung in unterschiedlichen Grauwerten erkennbar sind (links) und durch Zuordnung definierter Grauwerte zu den Phasen die Phasenanteile bestimmt wurden (rechts). (Aus [9])

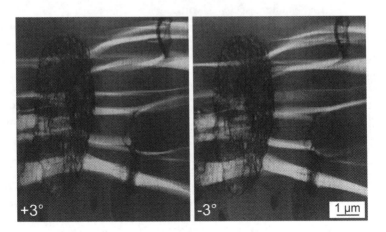

Abb. 4.2 Semidünnschnitte einer gedehnten Polymerprobe (HIPS: Kautschukteilchen kontrastiert mit OsO_4 in einer PS-Matrix) unter Kippwinkeln von $+3°$ und $-3°$: Unterschiedliche Breite der Crazes (helle Bänder) zeigt deren Dicke und Höhe (Aufnahmen im 1000 kV HEM mit einem Dehn-Kipphalter, Dehnungsrichtung vertikal, Kippachse horizontal). (Aus [30])

Spezielle Kipptische erlauben ein Kippen der Probe im Mikroskop um über $\pm 45°$ und somit die Anfertigung von Serienaufnahmen zunehmend stark gekippter Proben [22, 30]. Die Zusammenführung der Einzelbilder zum Gesamteindruck einer

Kippung erfolgt mit 3D-Verfahren. Weitere Möglichkeiten sind die Anfertigung von zahlreichen aufeinanderfolgenden Anschnitten oder Dünnschnitten mit einem Ultramikrotom, die anschließende automatische Bilderfassung im REM, die computergestützte Auswertung der Einzelbilder und die Zusammensetzung zu einer 3D-Darstellung (vgl. Abb. 3.6 – mit dem automatischen Herstellen und Erfassen

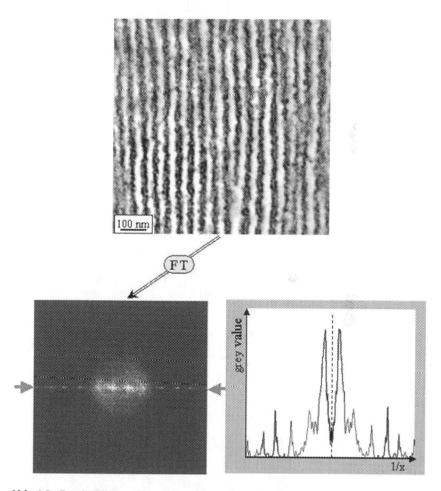

Abb. 4.3 Durch Bildverarbeitung bestimmte Lamellenabstände in einem SB-Blockkopolymer (Styrol-Butadien-Polymer). **a** TEM – Aufnahme eines kontrastierten Ultradünnschnittes – PS-Lamellen hell, PB-Lamellen dunkel kontrastiert, **b** Fouriertransformation der Aufnahme, **c** Grauwertprofil der in b) gekennzeichneten Linie liefert die gemittelten Lamellenabstände der ursprünglichen Aufnahme. (Aus [9])

von Anschnitten mit einem UM im REM – und Abb. 3.7 – mittels Ultramikrotom-Schnittsammler und Analyse mit einem Multistrahl REM (s. Abschn. 2.3)). Wichtige Techniken der Bildverarbeitung beruhen auf der optischen Beugung und Filterung von Abbildungen. Eine im Computer berechnete Fouriertransformation der digitalisierten Abbildung entspricht einer optischen Fraunhoferbeugung. Damit können Symmetrien der Abbildung direkt abgelesen werden oder mittels geeigneter Filter im Bild vorhandene Strukturen hervorgehoben werden (s. Abb. 4.3). Die Fouriertransformation des Bildes erlaubt außerdem, Abbildungsfehler des Elektronenmikroskops direkt sichtbar zu machen oder Präparationsartefakte (Kratzer, Schneidescharten von der Ultramikrotomie) zu entfernen. Die Rücktransformation liefert dann ein „korrigiertes" Bild, in dem die entsprechenden Strukturen deutlich sichtbar sind.

Außerdem dienen Bildverarbeitung und -analyse zur Ermittlung von Startmodellen für die Bildsimulation. Mittels der **Bildsimulation** wird die Bildentstehung im Elektronenmikroskop berechnet. Dies ist insbesondere zur Interpretation von Hochauflösungsaufnahmen erforderlich.

Ausblick

5

Die Frage nach weiteren Entwicklungen und Herausforderungen bei der Elektronenmikroskopie ergibt sich wesentlich aus den Anforderungen in den Lebens- und Materialwissenschaften. In den Materialwissenschaften werden Eigenschaftsverbesserungen immer mehr durch Optimierungen auf einer nanoskopischen und atomaren Ebene angestrebt. Andererseits wird eine stärkere Kopplung der mikrostrukturellen Informationen mit chemischen und anderweitigen Analytikergebnissen angestrebt. Neben der verbesserten Analyse der Mikrostruktur herab bis zur atomaren Größenebene, der Beugungsanalyse, der Spektroskopie und der Darstellung innerer Felder gewinnt die Beobachtung dynamischer Prozesse und von Phänomenen in Physik und Medizin weiter an Bedeutung. Das geht z. B. bis zu einer ultraschnellen Elektronenmikroskopie mit Femtosekunden Auflösung. Ferner ist der Probendurchsatz bei der Präparation und im Elektronenmikroskop zu verbessern, indem Routineschritte automatisiert werden. So ist die Hirnforschung an verbesserten und schneller zu gewinnenden elektronenmikroskopischen Aufnahmen von Hirngewebe in verschiedenen Krankheitsstadien interessiert. Veränderungen von Gewebe und Wechselwirkungen von Bakterien mit Organen ist unter möglichst lebensnahen Zustanden zu analysieren. Aus diesen und weiteren auch im Vorwort genannten Beispielen leiten sich Forderungen an die Elektronenmikroskopie ab.

Als ein Beispiel ist die Kombination eines Präparationsverfahrens zur schnellen Probenherstellung (Ultramikrotomie mit einem automatisierten Schnittsammler – s. Abb. 3.7) mit einer schnelleren Abbildungstechnik (Multistrahl-REM – vgl. Abschn. 2.3) in der Bildmontage 5.1 aus einem Experiment für die Hirnforschung gezeigt. Links ist eine lichtmikroskopische Übersichtsaufnahme des gesamten Probenhalters zu sehen, auf dem die einzelnen Hirnschnitte computer-assistiert detektiert und markiert wurden. Rechts daneben

© Springer Fachmedien Wiesbaden GmbH, ein Teil von Springer Nature 2019
G. H. Michler, *Kompakte Einführung in die Elektronenmikroskopie*, essentials,
https://doi.org/10.1007/978-3-658-26688-2_5

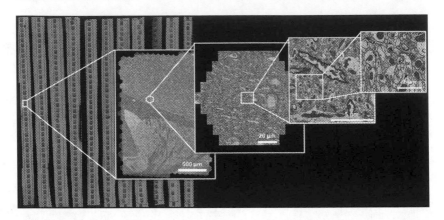

Abb. 5.1 Beispiel zur Steigerung des Probendurchsatzes (schnelle Herstellung von Dünn-
schnitten und mikroskopischen Aufnahmen) aus einem Experiment für die Hirnforschung.
Die Dünnschnitte (links) wurden mit einem Ultramikrotom mit automatisiertem Schnitt-
sammler hergestellt, die REM-Aufnahmen wurden mit einem Multistrahl-REM (ZEISS
MultiSEM) erhalten (die Probe wurde freundlicherweise von Jeff W. Lichtman, Harvard
University, zur Verfügung gestellt, Zusammenstellung der Bilder von A. Eberle, Carl Zeiss
Microsccopy GmbH, Germany). [13, 14, 27, 28]

ist ein mit dem ZEISS MultiSEM erstellter Datensatz eines kompletten Mäuse-
hirnschnitts in schrittweise zunehmender Vergrößerung gezeigt.

Neben technischen Weiterentwicklungen ist aber essenziell und nicht zu ver-
nachlässigen die Schulung des Mikroskopierpersonals, um die gewachsenen
Leistungen der Mikroskope auch voll ausnutzen zu können.

Was Sie aus diesem *essential* mitnehmen können

- Was die Elektronenmikroskopie ist und worin die Weiterentwicklung der Elektronenmikroskopie verglichen zur klassischen Lichtmikroskopie besteht.
- Was Elektronenstrahlen von Lichtstrahlen unterscheidet und warum Atome sichtbar gemacht werden können.
- Was die Merkmale der Transmissions-Elektronenmikroskopie und der Raster-Elektronenmikroskopie sind. Wie Elektronenmikroskope aussehen und wie sie funktionieren.
- Welche Materialien mit welcher Mikroskopier-Technik untersuchbar sind und wie diese für die Untersuchung vorbereitet werden müssen.
- Zahlreiche Erkenntnisse in den Material- und Lebenswissenschaften beruhen auf dem Einsatz der Elektronenmikroskopie.
- Welche zukünftigen Anforderungen an Techniken und Verfahren an die Elektronenmikroskopie zu erwarten sind.

© Springer Fachmedien Wiesbaden GmbH, ein Teil von Springer Nature 2019
G. H. Michler, *Kompakte Einführung in die Elektronenmikroskopie*, essentials,
https://doi.org/10.1007/978-3-658-26688-2

Literatur

1. Gloede, W. (1986). *Vom Lesestein zum Elektronenmikroskop.* Berlin: VEB Verlag Technik.
2. Knoll, M. (1935). *Zeitschrift Technik Physik, 11,* 467.
3. v. Ardenne, M. (1938). *Zeitschrift für Physik, 109,* 553.
4. v. Ardenne, M. (1938). *Zeitschrift Technik Physik, 19,* 407.
5. v. Ardenne, M. (1940). *Elektronen-Übermikroskopie.* Berlin: Springer.
6. Henneberg, W., & Recknagel, A. (1935). *Zeitschrift Technik Physik, 16,* 621.
7. Bethge, H., & Klaua, M. (1983). *Ultramicroscopy, 11,* 207.
8. Müller, E. W. (1951). *Zeitschrift Physik, 131,* 136.
9. Michler, G. H., & Lebek, W. (2004). *Ultramikrotomie in der Materialforschung.* München: Hanser.
10. Michler, G. H. (2008). *Electron microscopy of polymers.* Heidelberg: Springer.
11. Michler, G. H., & Katzer, D. (Hrsg.). (2017). Elektronenmikroskopie in Halle (Saale) – Stand, Perspektiven, Anwendungen. Bethge-Stiftung Halle.
12. Lichte, H., & Lehmann, M. (2008). Electron holography – Basics and applications. *Reports on Progress in Physics, 71,* 016102.
13. Eberle, A., et al. (2015). *Journal of Microscopy, 259,* 114.
14. Carl Zeiss Microscopy GmbH, Germany. www.zeiss.com/multisem.
15. Telieps, W., & Bauer, E. (1985). *Ultramicroscopy, 17,* 57.
16. Höfer, A., Duncker, K., Kiel, M., & Widdra, W. (2011). *IBM Journal of Research and Development, 55,* 4.
17. SPECS Surface Nano Analysis GmbH, Berlin. www.specs.com.
18. Binnig, G., Rohrer, H., Gerber, C., & Weibel, E. (1982). *Physical Review Letters, 49,* 57.
19. Bethge, H., & Heydenreich, J. (Hrsg.). (1982). *Elektronenmikrokopie in der Festkörperphysik.* Berlin: VEB Deutscher Verlag der Wissenschaften.
20. Bethge, H., & Heydenreich, J. (Hrsg.). (1987). *Electron Microscopy in Solid State Physics.* Amsterdam: Elsevier.
21. Michler, G. H. (1992). *Kunststoff-Mikromechanik: Morphologie, Deformations- und Bruchmechanismen.* München: Hanser.
22. Messerschmidt, U., Appel, F., Heydenreich, J., & Schmidt, V. (1990). *Electron microscopy in plasticity and fracture research of materials.* Berlin: Akademie.

© Springer Fachmedien Wiesbaden GmbH, ein Teil von Springer Nature 2019
G. H. Michler, *Kompakte Einführung in die Elektronenmikroskopie, essentials,*
https://doi.org/10.1007/978-3-658-26688-2

23. Studer, D., & Gnaegi, H. (2000). *Journal of Microscopy, 197,* 94–100.
24. Mayrhofer, C. Center of electron microscopy, Graz Austria.
25. Zankel, A., Kraus, B., Poelt, P., Schaffer, M., & Ingolic, E. (2009). *Journal of Microscopy, 233,* 140–148.
26. Webster, P., Bentley, D., & Kearney, J. (2015). *Microscopy and Microanalysis, 17,* 17–20.
27. Science Services GmbH, München.
28. RMC Boeckeler.
29. Hause, G., & Jahn, S. (2010). Molecular and cell biology methods for fungi. *Methods in Molecular Biology, 638,* 291–301.
30. Michler, G. H. (2016). *Atlas of polymer structures: Morphology, deformation and fracture structures.* Hanser: Munich.
31. Heydenreich, J., & Neumann, W. (Hrsg.). (1992) *Image interpretation and image processing in electron microscopy.* Halle.

Weiterführende Literatur

Zur Elektronenmikroskopie gibt es eine über viele Jahre hinweg immer wieder aktualisierte sehr umfangreiche Literatur, die entweder allgemein das Gebiet umreißt oder sich auf spezielle Techniken konzentriert. Als Standardwerke seien die folgenden Monographien genannt (vgl. auch [9, 10, 19, 20]):

32. Williams, D. B., & Carter, C. B. (1996). *Transmission electron microscopy: A textbook for materials science.* New York: Plenum.
33. Goodhew, P. J., Humphreys, F. J., & Beanland, R. (2000). *Electron microscopy and analysis* (3. Aufl.). London: Taylor & Francis.
34. Fultz, B., & Howe, J. (2003). *Transmission electron microscopy and diffractometry of material of material* (2. Aufl.). Berlin: Springer.
35. Staniforth, M. et al. (2002). *Scanning electron microscopy and X-ray microanalysis.* New York: Kluwer Academic & Plenum.
36. Ernst, F., & Rühle, M. (Hrsg.). (2003). *High-resolution imaging and spectrometry of materials.* Berlin: Springer.
37. Umbaugh, S. E. (2005). *Computer imaging: Digital image analysis and processing.* Boca Raton: Taylor & Francis.
38. Schönherr, H., & Vancso, G. J. (2010). *Scanning force microscopy of polymers.* Berlin: Springer.
39. Carter, B., & Williams, D. (Hrsg.). (2016). *Transmission electron microscopy: Diffraction, imaging, and spectroscopy.* Switzerland: Springer.
40. Goldstein, J. I., Newbury, D. E., Michael, J. R., Ritchie, N. W. M, Scott, J. H. J., & Joy, D. C. (2018). *Scanning electron microscopy and X-ray microanalysis.* New York: Springer.

Printed in the United States
By Bookmasters